SCHALTUNGSSCHEMATA

FÜR

ZWEI- UND DREIPHASIGE

STABROTORE

ENTWURF UND REKONSTRUKTION

MIT 7 TABELLEN UND 16 ABBILDUNGEN

VON

INGENIEUR DR. J. BOJKO

MÜNCHEN UND BERLIN 1924

DRUCK UND VERLAG VON R. OLDENBOURG

Vorwort.

Während über Gleichstromwicklungen eine umfangreiche und — dem heutigen Stand der Technik entsprechend — wohl auch erschöpfende Literatur vorhanden ist, fehlt es an Werken, die Stabwicklungen für Zwei- und Dreiphasenrotore ausführlich behandeln. Für den Ankerwickler und den Betriebsingenieur, der bei der Fabrikation von neuen Motoren und insbesondere in Ausbesserungswerkstätten, wo normale und anormale Wicklungen sowie Umwicklungen von Rotoren auf andere Drehzahlen vorkommen, dürfte indessen ein diesbezüglicher Wegweiser erwünscht sein. Im vorliegenden Buch sind die Stabwicklungen — die einfacheren wie die komplizierteren — symbolisch durch Zahlen und Indizes dargestellt. Mit Hilfe der Regeln über normale Schaltungen ist jeder in der Lage, ein Schaltungsschema zu entwerfen; es wird ferner gezeigt, wie man aus den gegebenen Wickeldaten eines beliebigen Stabrotors nach Aufstellung eines in diesem Buche näher erläuterten Hilfsschemas das Schaltungsschema rekonstruieren und auf dessen Brauchbarkeit nachprüfen kann. Wenn man sich an die an zahlreichen Beispielen erläuterte symbolische Darstellungsweise gewöhnt hat, so kann man jedes Schaltungsschema innerhalb ganz kurzer Zeit entwerfen bzw. rekonstruieren.

Es sei hier bemerkt, daß die erwähnte Darstellungsweise nicht in rein theoretischen Erwägungen ihren Ursprung hat, sondern in der Praxis des Verfassers nach und nach entstanden ist, da es ihm infolge Zeitmangels sonst nicht möglich gewesen wäre, manche Schaltungsschemata zu rekonstruieren und sich über deren Verlauf zu orientieren. In den Tabellen I bis VII sind die Wicklungsdaten einer sehr großen Anzahl von Stabrotoren zusammengestellt; sie dürften den Lesern im allgemeinen und insbesondere denjenigen unter ihnen die sich wegen Zeitmangels od. dgl. in die Einzelheiten dieses Buches nicht vertiefen wollen, oder, weil sie nur praktisch geschult sind, den Ausführungen nicht überall folgen können, gute Dienste leisten.

Königshütte, P.-O.-S., Juli 1924.

J. Bojko.

Inhaltsverzeichnis.

I. Normale Schaltungen.

Problemstellung. Von einem Dreiphasen-Stabanker seien gegeben Nutenzahl und Polzahl. Es ist das Wicklungsschema zu entwerfen. Der Einfachheit halber sei Sternschaltung vorausgesetzt.

In der Regel befinden sich in einer Nut 2 Stäbe (Abb. 1). Die Stäbe *a* bezeichnen wir als *untere*, die Stäbe *b* als *obere* Lage. Sind

Abb. 1. Rotornut mit *einem* oberen und *einem* unteren Stab.

Abb. 2. Rotornut mit *zwei* oberen und *zwei* unteren Stäben.

in einer Nut *vier* voneinander isolierte Stäbe (Abb. 2), so zählen wir die Nuten doppelt: z. B. einen Anker mit 48 Nuten betrachten wir so, als ob er 96 Nuten hätte. Nebeneinanderliegende parallel geschaltete Stäbe zählen wir als einen einzelnen Stab. Wir können uns also, ohne die Allgemeinheit zu beeinträchtigen, auf die Fälle beschränken, wo zwei voneinander isolierte Stäbe pro Nut vorhanden sind.

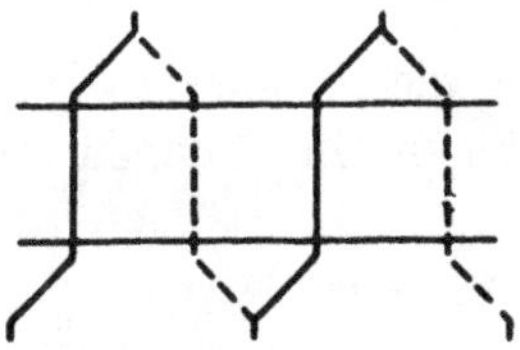

Abb. 3. Wellenwicklung.

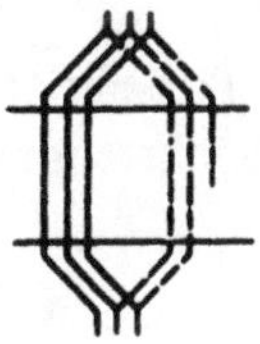

Abb. 4. Schleifenwicklung.

Man unterscheidet bekanntlich Wellen- (Abb. 3) und Schleifenwicklung (Abb. 4), wobei erstere die verbreitetste ist.

Die Schleifringseite des Rotors, auf welcher sich fast immer die Schaltung befindet (auch „Schaltseite“ genannt), bezeichnen wir kurz „vorn“ und die entgegengesetzte Seite „hinten“.

Beginnen wir mit einem beliebigen Stab der Oberlage und bezeichnen diesen mit 1, so wird derselbe auf der Rückseite des Rotors (hinten) mit dem Stab $y_1 + 1$ verbunden; y_1 ist alsdann der Schritt (hinten) oder der erste Teilschritt. Wenn in jeder Nut nur 2 Stäbe vorhanden sind, so liegt der Stab 1 in der Nut 1 und der Stab $y_1 + 1$ in der Nut $y_1 + 1$, indem wir jedem Stab der Ober- und der Unterlage die Nummer der Nut, in welcher sich diese Stäbe befinden, zuordnen. In den Abbildungen wollen wir die Stäbe der Unterlage durch gestrichelte und diejenigen der Oberlage durch ausgezogene Linien andeuten. In den tabellarischen Schemen soll der Index „o" bedeuten oben bzw. Oberlage und der Index „u" unten bzw. Unterlage. Z. B. 37_o lies: „37 oben", 96_u lies: „96 unten".

Unsere Betrachtungen beziehen sich zunächst auf Dreiphasenanker und möglichst einfache, normale Schaltungen.

Bezeichnet man mit: $2p$ die Anzahl der Pole, U die Nutenzahl des Rotors, k die Anzahl der Nuten pro Pol und Phase und mit m die Phasenzahl, so ist:

$$U = 2\,p\,m\,k; \quad k = \frac{U}{2\,p\,m}.$$

In der Praxis ist häufig die Polzahl nicht unmittelbar gegeben, sondern die Umdrehungszahl. Es ist jedoch leicht, aus der synchronen Umdrehungszahl (n) und der Frequenz (f) die Polzahl zu ermitteln, und zwar aus der Formel:

$$f = \frac{p\,n}{60}.$$

Aus dieser Formel folgt:

$$2\,p = \frac{120\,f}{n}.$$

Der erste Teilschritt y_1 ist ungefähr gleich einer Polteilung (ähnlich wie bei Gleichstromankern). Aus obigen Gleichungen folgt demnach

$$y_1 = \frac{U}{2p} \quad \text{oder} \quad y_1 = m\,k.$$

Setzen wir $m = 3$, so ist $y_1 = 3k$, d. h. Stab 1 der Oberlage wird hinten verbunden mit Stab $3k + 1$ der Unterlage.

Der zweite Teilschritt y_2 ist ungefähr gleich y_1; d. h. der untere Stab $3k + 1$ wird vorn geschaltet mit dem Stab $(3k + 1) + 3k = 6k + 1$.

Z. B. ein 4poliger Anker mit 48 Nuten; $k = 4$, $2p = 4$, $U = 2pmk$ $= 4 \cdot 3 \cdot 4 = 48$; $y_1 = y_2 = m \cdot k = 3 \cdot 4 = 12$.

Stab 1 von der Oberlage wird verbunden hinten mit Stab 13 der Unterlage, Stab 13 von der Unterlage wird geschaltet vorn mit Stab 25 von der Oberlage, oder kürzer:

$$1_o \overset{hinten}{\text{———}} 13_u \overset{vorn}{\text{———}} 25_o$$

lies: „1 oben (hinten) mit 13 unten,
13 unten (vorn) mit 25 oben" (Abb. 5).

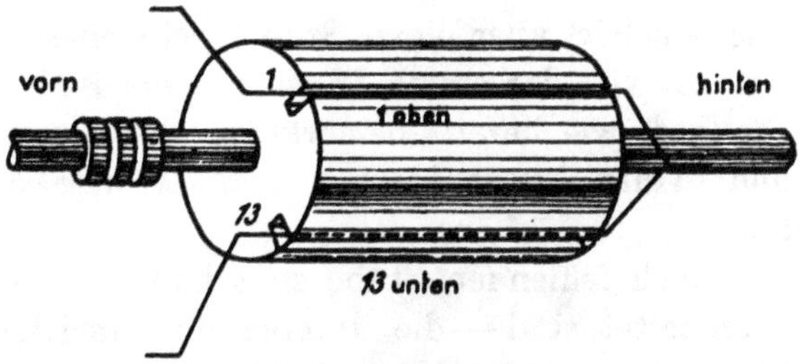

Abb. 5. Vierpolige Wellenwicklung mit 48 Nuten.

Für $m = 3$ ist $U = 2pmk = 6pk = (6k)p$; wäre stets $y_1 = y_2 = \frac{U}{2p}$, so würde sich die Wicklung bereits nach Schaltung von $2p$ am Umfang verteilten Stäben schließen, d. h. sie würde zum Stab 1 der Oberlage zurückkehren.

Der zweite Teilschritt muß deshalb, wenn der Ankerumfang einmal durchlaufen ist, um 1 vergrößert oder verkleinert werden, wodurch wir in unserem Beispiele zum Stab 2_o oder 48_o gelangen; das Schema lautet demnach:

$$1_o \overset{h}{—} 13_u \overset{v}{—} 25_o \overset{h}{—} 37_u \overset{v}{—} 2_o$$

oder: $1_o — 13_u — 25_o — 37_u — 48_o$.

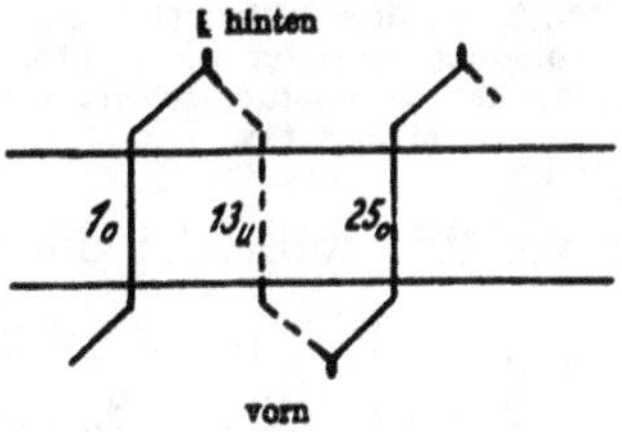

Abb. 5a. Vierpolige Wellenwicklung mit 48 Nuten.

Das erste Schaltungsschema schreitet nach vorwärts, das zweite nach rückwärts.

a) Fortschreitende Wellenwicklung.

Wir bleiben zunächst beim ersten Schema. — Ist in diesem Falle der Ankerumfang im Sinne der fortlaufenden Wicklung $k$mal durchlaufen, so sind die oberen Stäbe 1, 2, . . . k, ferner die unteren Stäbe $3k + 1$, $3k + 2$, ... $4k$ usw. geschaltet. In unserem Beispiele: die oberen Stäbe 1, 2, 3, 4; die unteren Stäbe 13, 14, 15, 16; die oberen Stäbe

25, 26, 27, 28 und endlich die unteren Stäbe 37, 38, 39, 40. Oder schematisch dargestellt:

$$1_o \overset{h}{—} 13_u \overset{v}{—} 25_o \overset{h}{—} 37_u \overset{v}{—} 2_o$$
$$2_o — 14_u — 26_o — 38_u — 3_o$$
$$3_o — 15_u — 27_o — 39_u — 4_o$$
$$4_o — 16_u — 28_o — 40_u — .$$

Wollten wir die Schaltung in dieser Weise fortsetzen, so würden wir zunächst zum Stabe 5 oder allgemein zum Stabe $k + 1$ der Oberlage gelangen. Einerseits gehört aber dieser Stab bereits einer anderen Phase an, und anderseits ist von der ersten Phase nur die Hälfte aller Stäbe geschaltet. Z. B. sind, wie bereits bemerkt, in den Nuten 1 bis k nur die oberen und in den Nuten $3k + 1$ bis $4k$ nur die unteren Stäbe geschaltet.

Um jetzt die noch fehlenden Stäbe zu schalten (also dort, wo die oberen bereits geschaltet sind — die unteren und umgekehrt), benutzt man sog. Verbindungen (oder Umkehrstäbe).

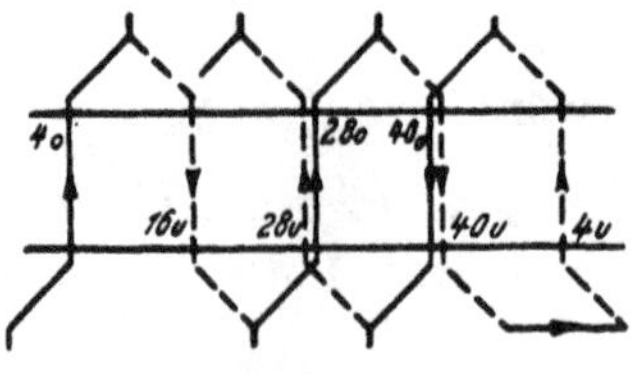

Abb. 6. 4polige Wellenwicklung. Verbindung schreitet vorwärts, d. h. der Verbindungsschritt y_r ist positiv.

Eine Verbindung schaltet nämlich in der Regel 2 untere (in Ausnahmefällen auch 2 obere) Stäbe, die wir in der Folge als Verbindungsstäbe bezeichnen, miteinander, wodurch die noch nicht geschalteten Stäbe der betreffenden Phase in rückwärtiger Reihenfolge durchlaufen werden.

In der Tat, denken wir uns in unserem Beispiel eine Verbindung $\mathbf{40_u} \overset{vorn}{—} \mathbf{4_u}$ (Abb. 6), so verläuft nunmehr die Schaltung wie folgt:

$$1_o \overset{h}{—} 13_u \overset{v}{—} 25_o \overset{h}{—} 37_u \overset{v}{—} 2_o$$
$$2_o — 14_u — 26_o — 38_u — 3_o$$
$$3_o — 15_u — 27_o — 39_u — 4_o$$
$$4_o — 16_u — 28_o — \underline{\mathbf{40_u} — \mathbf{4_u}} \text{ Verbindung}$$

$$4_u \overset{h}{—} 40_o \overset{v}{—} 28_u \overset{h}{—} 16_o \overset{v}{—} 3_u$$
$$3_u — 39_o — 27_u — 15_o — 2_u$$
$$2_u — 38_o — 26_u — 14_o — 1_u$$
$$1_u — 37_o — 25_u — \mathbf{13_o} \text{ Ende.}$$

Der Verlauf der Schaltung der ersten Phase ist somit festgelegt. Als Stäbe von besonderer Wichtigkeit sind hervorzuheben:

1_o Anfang; 13_o Ende; $40_u—4_u$ Verbindung.

Ähnlich wie bei der gewöhnlichen Spulenwicklung (Abb. 7) ist auch bei der Stabwicklung der Anfang der Phase II um $2k$ Stäbe von demjenigen der Phase I entfernt, d. h. der Anfang ist Stab 9_o; für Phase III ist der Anfang $9 + 2k =$ Stab $\mathbf{17_o}$. Eine Verschiebung des Anfanges einer Phase um ein Polpaar oder dessen Vielfaches ändert an dem

Stromverlauf usw. nichts. Ein Polpaar entspricht $2mk$ Nuten und für $m = 3$ $6k$ Nuten. In unserem Beispiele dürfen wir demnach den Anfang der Phase II verlegen von Nute 9 auf Nute $9 + 6 \cdot 4 =$ Nut **33**.

Nach Ordnung der Nuten wären jetzt die Anfänge (Zuleitungen) 1_o, 17_o, 33_o. Diese Anordnung hat den Vorteil der Symmetrie; denn bei 48 Nuten sind die Nuten 1, 17 und 33 genau um ein Drittel des Umfanges voneinander entfernt. Da infolgedessen die Verbindungen und der Nullpunkt ebenfalls am Umfang gleichmäßig verteilt sind, so wird durch diese Verteilung eine etwaige Unbalanz des Rotors vermieden.

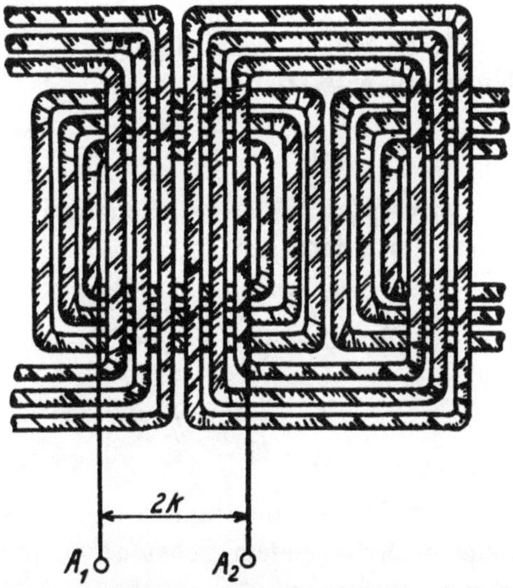

Abb. 7. Gewöhnliche Spulenwicklung; $k = 3$; liegt der Anfang A_1 der Phase I in Nut 1, so liegt der Anfang der Phase II in Nut $1 + 2k = 7$.

Bei 1, 9, 17 war die Entfernung der Anfänge $2k = 8$, welches die kleinste zulässige Entfernung ist, während diese bei 1, 17, 33 $4k = 16$ beträgt.

Das Schema für die übrigen Phasen ist:

Phase II

$17_o \overset{h}{-} 29_u \overset{v}{-} 41_o \overset{h}{-} 5_u \overset{v}{-} 18_o$
$18_o - 30_u - 42_o - 6_u - 19_o$
$19_o - 31_u - 43_o - 7_u - 20_o$
$20_o - 32_u - 44_o - \underline{8_u - \mathbf{20_u}}$ Verbindung

$20_u \overset{h}{-} 8_o \overset{v}{-} 44_u \overset{h}{-} 32_o \overset{v}{-} 19_u$
$19_u - 7_o - 43_u - 31_o - 18_u$
$18_u - 6_o - 42_u - 30_o - 17_u$
$17_u - 5_o - 41_u - \mathbf{29_o}$ Ende.

Phase III.

$33_o \overset{h}{-} 45_u \overset{v}{-} 9_o \overset{h}{-} 21_u \overset{v}{-} 34_o$
$34_o - 46_u - 10_o - 22_u - 35_o$
$35_o - 47_u - 11_o - 23_u - 36_o$
$36_o - 48_u - 12_o - \underline{\mathbf{24_u} - \mathbf{36_u}}$ Verbindung

$36_u \overset{h}{-} 24_o \overset{v}{-} 12_u \overset{h}{-} 48_o \overset{v}{-} 35_u$
$35_u - 23_o - 11_u - 47_o - 34_u$
$34_u - 22_o - 10_u - 46_o - 33_u$
$33_u - 21_o - 9_u - \mathbf{45_o}$ Ende.

Zusammenstellung: 48 Nuten, 4polig, 3 Phasen.

Schritt:	$1_o \overset{h}{-} 13_u \overset{v}{-} 25_o$		
Phase:	I	II	III
Anfänge (oder Zuleitungen):	1_o	17_o	33_o
Enden (oder Nullpunkt):	13_o	29_o	45_o
Verbindungen (oder Umkehrstäbe):	$40_u - 4_u$	$8_u - 20_u$	$24_u - 36_u$

In ähnlicher Weise können wir ein Schaltungsschema für andere Polzahlen und andere k entwerfen.

Beispiele.

I. Es ist ein Schaltungsschema für einen 8poligen Rotor, $U = 120$ Nuten zu entwerfen

$$k = \frac{U}{2pm} = \frac{120}{8\cdot 3} = 5.$$

$y_1 = y_2 = 3k = 15$; Schaltschritt $1_o \overset{h}{-} 16_u \overset{v}{-} 31_o$; das Schema für Phase I ist demnach:

$$1_o \overset{h}{-} 16_u \overset{v}{-} 31_o \overset{h}{-} 46_u \overset{v}{-} 61_o \overset{h}{-} 76_u \overset{v}{-} 91_o \overset{h}{-} 106_u \overset{v}{-} 2_o$$
$$2_o - 17_u - 32_o - 47_u - 62_o - 77_u - 92_o - 107_u - 3_o$$
$$3_o - \cdots\cdots\cdots\cdots\cdots\cdots\cdots - 4_o$$
$$4_o - \cdots\cdots\cdots\cdots\cdots\cdots\cdots - 5_o$$
$$5_o - 20_u - 35_o - 50_u - 65_o - 80_u - 95_o - \underline{\mathbf{110_u} - \mathbf{5_u}} \quad \text{Verbindung.}$$

Von der Verbindung aus verlaufen die Stäbe in rückwärtiger Reihenfolge nach folgendem Schema:

$$5_u \overset{h}{-} 110_o \overset{v}{-} 95_u \overset{h}{-} 80_o \overset{v}{-} 65_u \overset{h}{-} 50_o \overset{v}{-} 35_u \overset{h}{-} 20_o \overset{v}{-} 4_u$$
$$4_u - 109_o - 94_u - 79_o - 64_u - 49_o - 34_u - 19_o - 3_u$$
$$3_u - 108_o - 93_u - 78_o - 63_u - 48_o - 33_u - 18_o - 2_u$$
$$2_u - 107_o - 92_u - 77_o - 62_u - 47_o - 32_u - 17_o - 1_u$$
$$1_u - 106_o - 91_u - 76_o - 61_u - 46_o - 31_u - \mathbf{16_o} \quad \text{Ende.}$$

In ähnlicher Weise entwirft man das Schema für die Phasen II u. III. Nach dem Bisherigen müßte Phase II mit dem Stab $1 + 4k = 21_o$ und Phase III mit dem Stab $1 + 8k = 41_o$ beginnen. Wegen der symmetrischen Verteilung der Anfänge usw. am Rotorumfang verlegen wir den Anfang der Phase II um 4 Polteilungen = 60 Nuten, was, wie bereits bemerkt, an der Richtigkeit der Schaltung nichts ändert, und vertauschen II mit III, wodurch die Anfänge nunmehr sind: 1_o, 41_o, 81_o.

Als Stäbe von besonderer Bedeutung sind in unserem Beispiele:

Phase:	I	II	III
Anfänge (oder Zuleitungen):	1_o	41_o	81_o
Enden (oder Nullpunkt):	16_o	56_o	96_o
Verbindungen (oder Umkehrstäbe):	$\mathbf{110_u - 5_u}$	$\mathbf{30_u - 45_u}$	$\mathbf{70_u - 85_u}$
Schaltschritt:	$1_o \overset{h}{-} 16_u \overset{v}{-} 31_o$.		

II. Es ist ein Schaltungsschema für einen **sechspoligen** Rotor mit $U = 72$ Nuten zu entwerfen. Aus $U = 2pmk = 18k$ folgt $k = 4$; $y_1 = y_2 = 3k = 12$. Die Wicklung verläuft demnach:

$$1_o \overset{h}{-} 13_u \overset{v}{-} 25_o.$$

Das Schema der Phase I ist:

$1_o \overset{h}{-} 13_u \overset{v}{-} 25_o \overset{h}{-} 37_u \overset{v}{-} 49_o \overset{h}{-} 61_u \overset{v}{-} 2_o$
2_o— . . . . —3_o
3_o— . . . . —4_o
4_o—16_u—28_o—40_u—52_o—**$\underline{64_u—4_u}$** Verbindung

$4_u \overset{h}{-} 64_o \overset{v}{-} 52_u \overset{h}{-} 40_o \overset{v}{-} 28_u \overset{h}{-} 16_o \overset{v}{-} 3_u$
3_u— . . . . —2_u
2_u— . . . . —1_u
1_u—61_o—49_u—37_o—25_u—**13_o** Ende.

Phase II beginnt mit $4k + 1 = 17_o$, Phase III mit $17 + 4k = 33_o$. Als Stäbe von besonderer Wichtigkeit sind nun in unserem Beispiele:

Phase:	I	II	III
Anfänge (oder Zuleitungen):	1_o	17_o	33_o
Enden (oder Nullpunkt):	13_o	29_o	45_o
Verbindungen (oder Umkehrstäbe):	**64_u—4_u**	**8_u—20_u**	**24_u—36_u**
Schaltschritt:	$1_o \overset{h}{-} 13_u \overset{v}{-} 25_o$.		

Im vorliegenden Falle und allgemein, wenn p durch 3 teilbar ist, läßt sich die Wicklung **nicht** so anordnen, daß die Anfänge gleichmäßig am Umfange — also im räumlichen Abstand von 120° — verteilt sind. Der Beweis ergibt sich wie folgt.

Für $m = 3$ ist $U = 2pmk = 6kp$; ⅓ des Umfanges entspricht mithin $2kp$ Stäben der Oberlage. Der Gesamtschritt $y = y_1 + y_2 = 6k$ entspricht einem Polpaar. Die Schaltung verläuft:

$$1_o \overset{h}{-} (3k+1)_u \overset{v}{-} (6k+1)_o \overset{h}{-} (9k+1)_u — \ldots [(U-3k)+1]_u \overset{v}{-} 2_o.$$

Da nach unserer Voraussetzung p durch 3 teilbar ist, dürfen wir schreiben $p = 3q$, wobei q eine beliebige ganze Zahl bedeuten möge.

Der 2. bzw. 3. Anfang ist allgemein der Stab:

$$2k+1;\ 2k+(6k+1);\ 2k+(12k+1);\ \ldots 2k+[6k(p-1)+1];$$
bzw. $$4k+1;\ 4k+(6k+1);\ 4k+(12k+1);\ \ldots 4k+[6k(p-1)+1].$$

$\frac{1}{3}$ des Umfanges ist in unserem Falle $2kp = 6kq$; Zahlen von der Form $2k + 6nk$ bzw. $4k + 6nk$ können aber niemals Zahlen von der Form $6kq$ gleich sein.

Die bisherigen Schaltungsschemata lassen sich durch Formeln an der Hand unserer Bezeichnungen wie folgt ausdrücken:

$$y_1 = 3k;\ y_2 = 3k \text{ bis } 3k + 1.$$

Schritt:	$1_o \overset{hinten}{—} (3k+1)_u \overset{vorn}{—} (6k+1)_o$		
Anfänge (oder Zuleitungen):	1_o	$(4k+1)_o$	$(8k+1)_o$
Enden (oder Nullpunkt):	$(3k+1)_o$	$(7k+1)_o$	$(11k+1)_o$
Verbindungen:	$(U - 2k)_u — k_u$		
	$2k_u — 5k_u$		
	$6k_u — 9k_u$.		

Sind die Anfänge anders verteilt, z. B.:

1_o $(2k+1)_o$ $(4k+1)_o$ (vgl. zweipolige Wicklungen)

oder: 1_o $(8k+1)_o$ $(16k+1)_o$ (z. B. Tabelle 2 achtpolige Wicklungen),

so ändern sich dementsprechend die Formeln für die Verbindungen und die Enden.

Für die in den Tabellen 1 bis 6 angegebenen Schaltungen gilt stets die Regel: Vom Ende einer Phase bis zum Ende der zweiten Phase, ebenso von den Verbindungsstäben einer Phase bis zu den Verbindungsstäben der zweiten Phase ist, durch Stäbe ausgedrückt, der gleiche Abstand, wie zwischen den Anfängen dieser Phasen. Setzen wir voraus, daß der Anfang der Phase I der Einfachheit halber als Stab 1 bezeichnet wird, so lassen sich hierauf nach unseren Formeln zunächst die zu dieser Phase zugehörigen Verbindungsstäbe sowie das Ende bestimmen. Hierauf wähle man unter Benutzung der Formeln auf S. 7 die Anfänge der zweiten und dritten Phase (ev. mit Rücksicht auf symmetrische Verteilung am Rotorumfang), worauf die Verbindungsstäbe und Enden der zweiten und dritten Phase an Hand der obigen Regel sich ohne weiteres ermitteln lassen.

Auf Grund der bisherigen Formeln und Überlegungen sind nun in den Tabellen 1 bis 3 die Schaltungsschemata einer Anzahl Rotoren angegeben. Selbstredend bedeutet dies jeweilig nur eine — sagen wir die einfachste — der technisch ausführbaren Schaltungen.

Für eine gegebene und brauchbare Nuten- und Polzahl ist, wie gesagt, im allgemeinen eine größere Anzahl von Schaltungsschemen ausführbar, worauf wir später noch zurückkommen.

Die in diesem Bändchen enthaltenen Tabellen 1—7 können auch ohne jegliche Vertiefung in den übrigen Inhalt des Buches benutzt werden. Die Handhabung ist so einfach, daß eine Gebrauchsanweisung kaum erforderlich ist, wenn nur die symbolischen Abkürzungen beachtet werden, nämlich:

Index „u“ = unten (Unterlage),
„ „o“ = oben (Oberlage).

Z. B. 1_o lies: „1 oben“,
13_u „ „13 unten“ (vgl. S. 2).

Es bedeutet ferner: „vorn“ = Schaltseite (meistens identisch mit Schleifringseite), „hinten“ = entgegengesetzt der Schaltseite (meistens identisch mit Riemenscheibenseite).

Der Praktiker, an den die Aufgabe herantritt, die Wicklungsdaten für einen Stabrotor anzugeben, kann diese unmittelbar aus den Tabellen entnehmen.

Es sollen beispielsweise für einen sechspoligen Stabrotor, $n =$ 1000 Umdr./Min. und $U = 90$ Nuten, die Wicklungsdaten festgelegt werden. Aus Tabelle 2, Beispiel 3, entnehme man:

Anfänge	1_o	21_o	41_o
Enden	16_o	36_o	56_o
Verbindungen	**80_u—5_u**	**10_u—25_u**	**30_u—45_u**
Schritt:	$1_o \xrightarrow{\text{hinten}} 16_u \xrightarrow{\text{vorn}} 31_o$;		

oder aus Tabelle 5 (S. 22), Beispiel 3:

Verbindungen: **72_u—87_u** **2_u—17_u** **22_u—37_u**

im übrigen wie vor.

Endlich kann auch der Rotor nach den Wicklungsdaten der Tabelle 7 (S. 56), Beispiel 1 oder Beispiel 3, ausgeführt werden (womit alle ausführbaren Schaltmöglichkeiten noch nicht erschöpft sind).

Tabelle 1.

Fortschreitende Wellenwicklungen.

Polzahl	Synchr. Umdrehungszahl bei 50 Per.	Nutenzahl	Nuten pro Pol und Phase	Schaltschritt hinten	Schaltschritt vorn	Verbindungen	Anfänge oder Zuleitungen	Enden oder Nullpunkt	Bemerkungen
$2p$	n	U	k	y_1	y_2				
				12	13				
2	3000	24	4	1_o—13_u 2_o—14_u 3_o—15_u usw.	13_u—2_o	16_u—4_u 24_u—12_u 8_u—20_u	1_o 9_o 17_o	13_o 21_o 5_o	
				15	16				
2	3000	30	5	1_o—16_u 2_o—17_u 3_o— 18_u usw.	16_u—2_o	20_u—5_u 30_u—15_u 10_u—25_u	1_o 11_o 21_o	16_o 26_o 6_o	
				18	19				
2	3000	36	6	1_o—19_u 2_o—20_u 3_o—21_u usw.	19_u—2_o	24_u—6_u 36_u—18_u 12_u—30_u	1_o 13_o 25_o	19_o 31_o 7_o	
				21	22				
2	3000	42	7	1_o—22_u 2_o—23_u 3_o—24_u usw.	22_u—2_o	28_u— 7_u 42_u—21_u 14_u—35_u	1_o 15_o 29_o	22_o 36_o 8_o	
				24	25				
2	3000	48	8	1_o—25_u 2_o—26_u 3_o—27_u usw.	25_u—2_o	32_u—8_u 48_u—24_u 16_u—40_u	1_o 17_o 33_o	25_o 41_o 9_o	
				27	28				
2	3000	54	9	1_o—28_u 2_o—29_u 3_o—30_u usw.	28_u—2_o	36_u— 9_u 54_u—27_u 18_u—45_u	1_o 19_o 37_o	28_o 46_o 10_o	

Tabelle 1.
(Fortsetzung.)

Pol-zahl	Synchr. Um-drehungs-zahl bei 50 Per.	Nuten-zahl	Nuten pro Pol und Phase	Schaltschritt hinten	Schaltschritt vorn	Verbin-dungen	Anfänge oder Zu-leitungen	Enden oder Null-punkt	Be-mer-kungen
2 *p*	*n*	*U*	*k*	y_1	y_2				
4	1500	36	3	**9** 1_o—10_u 2_o—11_u 3_o—12_u usw.	**9 bis 10** 10_u—19_o	30_u—3_u 6_u—15_u 18_u—27_u	1_o 13_o 25_o	10_o 22_o 34_o	**Symmetrische Verteilung der Phasenanfänge usw. am Rotorumfang**
4	1500	48	4	**12** 1_o—13_u 2_o—14_u 3_o—15_u usw.	**12 bis 13** 13_u—25_o	40_u—4_u 8_u—20_u 24_u—36_u	1_o 17_o 33_o	13_o 29_o 45_o	**wie oben**
4	1500	60	5	**15** 1_o—16_u 2_o—17_u 3_o—18_u usw.	**15 bis 16** 16_u—31_o	50_u—5_u 10_u—25_u 30_u—45_u	1_o 21_o 41_o	16_o 36_o 56_o	**wie oben**
4	1500	72	6	**18** 1_o—19_u 2_o—20_u 3_o—21_u usw.	**18 bis 19** 19_u—37_o	60_u—6_u 12_u—30_u 36_u—54_u	1_o 25_o 49_o	19_o 43_o 67_o	**wie oben**
4	1500	84	7	**21** 1_o—22_u 2_o—23_u 3_o—24_u usw.	**21 bis 22** 22_u—43_o	70_u—7_u 14_u—35_u 42_u—63_u	1_o 29_o 57_o	22_o 50_o 78_o	**wie oben**
4	1500	96	8	**24** 1_o—25_u 2_o—26_u 3_o—27_u usw.	**24 bis 25** 25_u—49_o	80_u—8_u 16_u—40_u 48_u—72_u	1_o 33_o 65_o	25_o 57_o 89_o	**wie oben**

Tabelle 2.

Fortschreitende Wellenwicklungen.

Polzahl	Synchr. Umdrehungszahl bei 50 Per.	Nutenzahl	Nuten pro Pol und Phase	Schaltschritt hinten	Schaltschritt vorn	Verbindungen	Anfänge oder Zuleitungen	Enden oder Nullpunkt	Bemerkungen
$2p$	n	U	k	y_1	y_2				
6	1000	54	3	**9** 1_o—10_u 2_o—11_u 3_o—12_u usw.	**9 bis 10** 10_u—19_o	48_u—3_u 6_u—15_u 18_u—27_u	1_o 13_o 25_o	10_o 22_o 34_o	
6	1000	72	4	**12** 1_o—13_u 2_o—14_u 3_o—15_u usw.	**12 bis 13** 13_u—25_o	64_u—4_u 8_u—20_u 24_u—36_u	1_o 17_o 33_o	13_o 29_o 45_o	
6	1000	90	5	**15** 1_o—16_u 2_o—17_u 3_o—18_u usw.	**15 bis 16** 16_u—31_o	80_u—5_u 10_u—25_u 30_u—45_u	1_o 21_o 41_o	16_o 36_o 56_o	
6	1000	108	6	**18** 1_o—19_u 2_o—20_u 3_o—21_u usw.	**18 bis 19** 19_u—37_o	96_u—6_u 12_u—30_u 36_u—54_u	1_o 25_o 49_o	19_o 43_o 67_o	
8	750	72	3	**9** 1_o—10_u 2_o—11_u 3_o—12_u usw.	**9 bis 10** 10_u—19_o	66_u—3_u 18_u—27_u 42_u—51_u	1_o 25_o 49_o	10_o 34_o 58_o	Symmetrische Verteilung der Phasenanfänge usw. am Rotorumfang
8	750	96	4	**12** 1_o—13_u 2_o—14_u 3_o—15_u usw.	**12 bis 13** 13_u—25_o	88_u—4_u 8_u—20_u 24_u—36_u	1_o 17_o 33_o	13_o 29_o 45_o	

Tabelle 2.
(Fortsetzung.)

Polzahl	Synchr. Umdrehungszahl bei 50 Per.	Nutenzahl	Nuten pro Pol und Phase	Schaltschritt hinten	Schaltschritt vorn	Verbindungen	Anfänge oder Zuleitungen	Enden oder Nullpunkt	Bemerkungen
$2p$	n	U	k	y_1	y_2				
				15	15 bis 16				Symmetrische Verteilung der Phasenanfänge usw. am Rotorumfang
8	750	120	5	1_o—16_u	16_u—31_o	110_u—5_u	1_o	16_o	
				2_o—17_u		30_u—45_u	41_o	56_o	
				3_o—18_u		70_u—85_u	81_o	96_o	
				usw.					
				18	18 bis 19				
8	750	144	6	1_o—19_u	19_u—37_o	132_u—6_u	1_o	19_o	
				2_o—20_u		12_u—30_u	25_o	43_o	
				3_o—21_u		36_u—54_u	49_o	67_o	
				usw.					
				9	9 bis 10				Symmetrische Verteilung der Phasenanfänge usw. am Rotorumfang
10	600	90	3	1_o—10_u	10_u—19_o	84_u—3_u	1_o	10_o	
				2_o—11_u		24_u—33_u	31_o	40_o	
				3_o—12_u		54_u—63_u	61_o	70_o	
				usw.					
				12	12 bis 13				wie oben
10	600	120	4	1_o—13_u	13_u—25_o	112_u—4_u	1_o	13_o	
				2_o—14_u		32_u—44_u	41_o	53_o	
				3_o—15_u		72_u—84_u	81_o	93_o	
				usw.					
				15	15 bis 16				
10	600	150	5	1_o—16_u	16_u—31_o	140_u—5_u	1_o	16_o	
				2_o—17_u		10_u—25_u	21_o	36_o	
				3_o—18_u		30_u—45_u	41_o	56_o	
				usw.					

Tabelle 3.

Fortschreitende Wellenwicklungen.

Polzahl	Synchr. Umdrehungszahl bei 50 Per.	Nutenzahl	Nuten pro Pol und Phase	Schaltschritt hinten	Schaltschritt vorn	Verbindungen	Anfänge oder Zuleitungen	Enden oder Nullpunkt	Bemerkungen
$2p$	n	U	k	y_1	y_2				
12	500	108	3	**9** 1_o-10_u 2_o-11_u 3_o-12_u usw.	**9 bis 10** 10_u-19_o	102_u-3_u 30_u-39_u 66_u-75_u	1_o 37_o 73_o	10_o 46_o 82_o	Symmetrische Verteilung der Phasenanfänge usw. am Rotorumfang
12	500	144	4	**12** 1_o-13_u 2_o-14_u 3_o-15_u usw.	**12 bis 13** 13_u-25_o	136_u-4_u 8_u-20_u 24_u-36_u	1_o 17_o 33_o	13_o 29_o 45_o	
12	500	180	5	**15** 1_o-16_u 2_o-17_u 3_o-18_u usw.	**15 bis 16** 16_u-31_o	170_u-5_u 50_u-65_u 110_u-125_u	1_o 61_o 121_o	16_o 76_o 136_o	Symmetrische Verteilung der Phasenanfänge usw. am Rotorumfang
16	375	144	3	**9** 1_o-10_u 2_o-11_u 3_o-12_u usw.	**9 bis 10** 10_u-19_o	138_u-3_u 42_u-51_u 90_u-99_u	1_o 49_o 97_o	10_o 58_o 106_o	wie oben
16	375	192	4	**12** 1_o-13_u 2_o-14_u 3_o-15_u usw.	**12 bis 13** 13_u-25_o	184_u-4_u 8_u-20_u 24_u-36_u	1_o 17_o 33_o	13_o 29_o 45_o	
16	375	240	5	**15** 1_o-16_u 2_o-17_u 3_o-18_u usw.	**15 bis 16** 16_u-31_o	230_u-5_u 70_u-85_u 150_u-165_u	1_o 81_o 161_o	16_o 96_o 176_o	Symmetrische Verteilung der Phasenanfänge usw. am Rotorumfang

Tabelle 3.
(Fortsetzung.)

Polzahl	Synchr. Umdrehungszahl bei 50 Per.	Nutenzahl	Nuten pro Pol und Phase	Schaltschritt hinten	Schaltschritt vorn	Verbindungen	Anfänge oder Zuleitungen	Enden oder Nullpunkt	Bemerkungen
$2p$	n	U	k	y_1	y_2				
24	250	216	3	9 1_o—10_u 2_o—11_u 3_o—12_u usw.	9 bis 10 10_u—19_o	210_u—3_u 6_u—15_u 18_u—27_u	1_o 13_o 25_o	10_o 22_o 34_o	
24	250	288	4	12 1_o—13_u 2_o—14_u 3_o—15_u usw.	12 bis 13 13_u—25_o	280_u—4_u 8_u—20_u 24_u—36_u	1_o 17_o 33_o	13_o 29_o 45_o	
48	125	288	2	6 1_o—7_u 2_o—8_u 3_o—9_u usw.	6 bis 7 7_u—13_o	284_u—2_u 4_u—10_u 12_u—18_u	1_o 9_o 17_o	7_o 15_o 23_o	
48	125	432	3	9 1_o—10_u 2_o—11_u 3_o—12_u usw.	9 bis 10 10_u—19_o	426_u—3_u 6_u—15_u 18_u—27_u	1_o 13_o 25_o	10_o 22_o 34_o	
48	125	576	4	12 1_o—13_u 2_o—14_u 3_o—15_u usw.	12 bis 13 13_u—25_o	568_u—4_u 8_u—20_u 24_u—36_u	1_o 17_o 33_o	13_o 29_o 45_o	

b) Die rückschreitende Wellenwicklung.

Wir wählen nochmals das Beispiel auf S. 2, jedoch soll jetzt der 2. Teilschritt nach einmaligem Umlauf des Rotors um 1 verkürzt werden, wodurch, wie bereits auf S. 3 erwähnt, das Schaltungsschema nach rückwärts schreitet. $U = 48$; $2p = 4$; $k = 4$; $y_1 = y_2 = 3k = 12$.

Das Schema der Phase I lautet nun:

$1_o \overset{h}{-} 13_u \overset{v}{-} 25_o \overset{h}{-} 37_u \overset{v}{-} 48_o$	$46_u \overset{h}{-} 34_o \overset{v}{-} 22_u \overset{h}{-} 10_o \overset{v}{-} 47_u$
$48_o - 12_u - 24_o - 36_u - 47_o$	$47_u - 35_o - 23_u - 11_o - 48_u$
$47_o - 11_u - 23_o - 35_u - 46_o$	$48_u - 36_o - 24_u - 12_o - 1_u$
$46_o - 10_u - 22_o - \mathbf{34_u - 46_u}$ Verbindung	$1_u - 37_o - 25_u - \mathbf{13_o}$ Ende.

Gegenüber dem vorwärtsschreitenden Schema hat sich nur die Lage der Verbindungsstäbe geändert.

Als Stäbe von besonderer Bedeutung sind mithin bei der ersten Phase:

1_o	Anfang
13_o	Ende
$34_u - 46_u$	Verbindung.

Wählt man wiederum als Anfänge der Phasen II und III die Stäbe 17_o bzw. 33_o, so erhält man:

Phase:	I	II	III
Anfänge (oder Zuleitungen):	1_o	17_o	33_o
Enden (oder Nullpunkt):	13_o	29_o	45_o
Verbindungen:	$\mathbf{34_u - 46_u}$	$\mathbf{2_u - 14_u}$	$\mathbf{18_u - 30_u}$

Schaltschritt: $1_o \overset{\text{hinten}}{\text{———}} 13_u \overset{\text{vorn}}{\text{———}} 25_o$.

Während bei den unter a behandelten Schaltungsschemen der 2. Teilschritt zwischen $3k$ und $3k + 1$ schwankte, schwankt derselbe bei den jetzigen Schemata zwischen $3k$ und $3k - 1$. Oder zahlenmäßig ausgesprochen: Bei unserem Beispiel S. 4 betrug der Teilschritt vorn **12** bis **13**, während er jetzt **12** bis **11** beträgt! Bei der Wahl zwischen beiden Schaltungen, die sonst gleichwertig sind, kann dieser Umstand für die technische Ausführung von Bedeutung sein. In Ausbesserungswerkstätten werden in der Regel bei der Neuwicklung von Stabrotoren die ausgebauten Kupferstäbe nach entsprechender mechanischer Aufarbeitung wieder verwendet. Nach jeder Reparatur werden die Rotorstäbe durch andere Verteilung derselben, Überdrehen des Rotors usw., naturgemäß etwas kürzer. Es kann dann, zumal wenn die Stäbe nicht numeriert sind, leicht der Fall eintreten, daß die Wicklung nach dem 1. Schema technisch nicht mehr ausführbar ist, da die Länge der Stäbe für den Teilschritt $3k$ zwar noch ausreicht, aber nicht für $\mathbf{3k+1}$. Es müßte in diesem Falle neues Profilkupfer beschafft werden, was namentlich bei größeren Rotoren kostspielig und mit beträchtlichem Zeitverlust verbunden ist.

Ändert man nun das Schaltungsschema, so daß der Teilschritt vorn zwischen $3k$ und $\mathbf{3k-1}$ schwankt, so ist die Wicklung mit den alten Kupferstäben noch ausführbar. (Dieser Fall ist dem Verfasser bei dem Rotor eines 250-PS-Wasserhaltungsmotors, 1450 Umdrehungen, dessen Neuwicklung sehr dringend war, bereits vorgekommen.)

Beispiel. Für einen **10**poligen Rotor, $U = 90$ Nuten, ist ein Schaltungsschema für rückschreitende Wellenwicklung zu entwerfen.

$$k = \frac{U}{2pm} = \frac{90}{30} = 3.$$

$$y_1 = 3k = 9; \; y_2 = 3k \text{ bis } 3k - 1 = 9 \text{ bis } 8.$$

$$\text{Schaltschritt:} \quad 1_o \overset{\text{hinten}}{\text{———}} 10_u \overset{\text{vorn}}{\text{———}} 19_o.$$

Schaltungsschema der Phase I:

$$1_o \overset{h}{—} 10_u \overset{v}{—} 19_o \overset{h}{—} 28_u \overset{v}{—} 37_o \overset{h}{—} 46_u \overset{v}{—} 55_o \overset{h}{—} 64_u \overset{v}{—} 73_o \overset{h}{—} 82_u \overset{v}{—} 90_o$$

$$90_o — 9_u — 18_o — 27_u — 36_o — 45_u — 54_o — 63_u — 72_o — 81_u — 89_o$$

$$89_o — 8_u — 17_o — 26_u — 35_o — 44_u — 53_o — 62_u — 71_o — \underline{\mathbf{90_u — 89_u}} \text{ Verbindung}$$

$$89_u \overset{h}{—} 80_o \overset{v}{—} 71_u \overset{h}{—} 62_o \overset{v}{—} 53_u \overset{h}{—} 44_o \overset{v}{—} 35_u \overset{h}{—} 26_o \overset{v}{—} 17_u \overset{h}{—} 8_o \overset{v}{—} 90_u$$

$$90_u — 81_o — 72_u — 63_o — 54_u — 45_o — 36_u — 27_o — 18_u — 9_o — 1_u$$

$$1_u — 82_o — 73_u — 64_o — 55_u — 46_o — 37_u — 28_o — 19_u — \mathbf{10_o} \text{ Ende.}$$

Wählen wir als Anfang der Phase II den Stab $(4k+1)_o$, ebenso als Anfang der Phase III den Stab $(8k+1)_o$, so findet man leicht das Schema dieser Phasen und somit die Verbindungsstäbe und die Enden bzw. den Nullpunkt. Als Stäbe von besonderer Bedeutung sind nunmehr in unserem Beispiele:

Phase:	I	II	III
Anfänge:	1_o	13_o	25_o
Enden:	10_o	22_o	34_o
Verbindungen:	$80_u — 89_u$	$2_u — 11_u$	$14_u — 23_u$

$$\text{Schritt:} \quad 1_o \overset{\text{hinten}}{\text{———}} 10_u \overset{\text{vorn}}{\text{———}} 19_o.$$

Auch die rückschreitende Wellenwicklung läßt sich durch Formeln ausdrücken, und zwar:

$$y_1 = 3k;\; y_2 = 3k \text{ bis } 3k - 1.$$

Schaltschritt: $1_o \overset{hinten}{\text{———}} (3k+1)_u \overset{vorn}{\text{———}} (6k+1)_o$

Anfänge (oder Zuleitungen):	1_o	$(4k+1)_o$	$(8k+1)_o$
Enden (oder Nullpunkt):	$(3k+1)_o$	$(7k+1)_o$	$(11k+1)_o$

Verbindungen: $[(U-4k)+2]_u$—$[(U-k)+2]_u$

2_u—$(3k+2)_u$

$(4k+2)_u$—$(7k+2)_u$.

Im übrigen gelten sinngemäß die bei der fortschreitenden Wellenwicklung gemachten Bemerkungen.

Unter Verwendung obiger Formeln ist nun in den Tabellen 4 bis 6 eine größere Anzahl von Schaltungsschemen zusammengestellt. Zum besseren Vergleich sind in diesen Tabellen entsprechend die gleichen Nuten- und Polzahlen wie in den Tabellen 1 bis 3 gewählt.

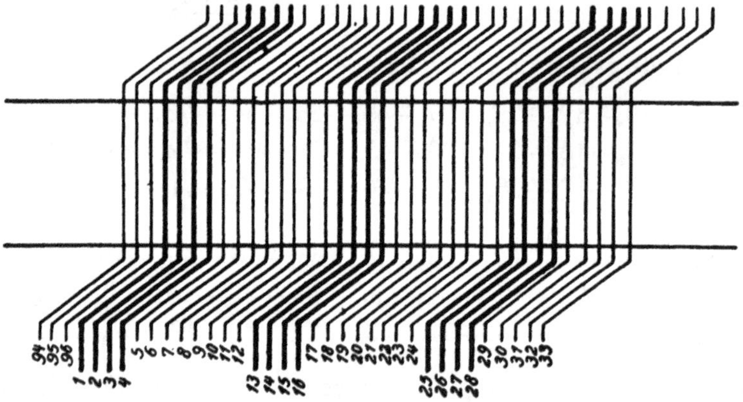

Abb. 8. Oberlage eines 8 poligen Stabrotors mit 96 Nuten. Fortschreitende Wellenwicklung. Die stark ausgezogenen Linien bedeuten die oberen Stäbe der Phase I, die also beim Ableuchten mit einer Probierlampe miteinander brennen.

Denkt man sich die Rotorwicklung fertiggestellt, jedoch mit offenem Nullpunkt, d. h. die Enden der Phasen noch nicht miteinander verbunden, und leuchtet die Stäbe mit einer Probierlampe ab, so leuchten bei der fortschreitenden Wellenwicklung, vom Anfang (oder Ende) einer Phase beginnend, den ersten Stab mitgezählt, k Stäbe nach vorwärts (d. h. im gleichen Sinne, wie die Nuten gezählt sind), hierauf leuchten $2k$ Stäbe nicht, dann leuchten wiederum k Stäbe usw.

Bei der rückschreitenden Wellenwicklung hingegen leuchten, vom Anfang (oder Ende) einer Phase beginnend den ersten Stab mitgezählt, k Stäbe nach rückwärts (d. h. im entgegengesetzten Sinne, wie die Nuten gezählt sind), hierauf leuchten $2k$ Stäbe nicht, dann leuchten wiederum k Stäbe usw. Man hat somit in dem Ableuchten der Stäbe einerseits ein unterscheidendes Merkmal für beide Schaltungsarten und anderseits eine augenscheinliche Erklärung dafür, weshalb wir die Bezeichnung fort- bzw. rückschreitende Wellenwicklung gewählt haben.

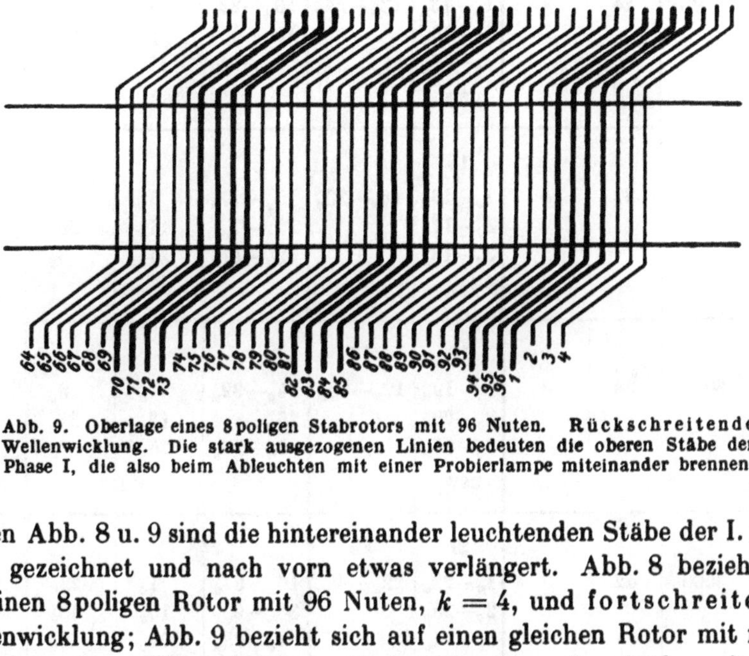

Abb. 9. Oberlage eines 8poligen Stabrotors mit 96 Nuten. Rückschreitende Wellenwicklung. Die stark ausgezogenen Linien bedeuten die oberen Stäbe der Phase I, die also beim Ableuchten mit einer Probierlampe miteinander brennen.

In den Abb. 8 u. 9 sind die hintereinander leuchtenden Stäbe der I. Phase stark gezeichnet und nach vorn etwas verlängert. Abb. 8 bezieht sich auf einen 8poligen Rotor mit 96 Nuten, $k = 4$, und fortschreitender Wellenwicklung; Abb. 9 bezieht sich auf einen gleichen Rotor mit rückschreitender Wellenwicklung. Das Ableuchten der Stäbe mit einer Probierlampe ist übrigens in der Praxis stets zu empfehlen, da man dadurch im allgemeinen etwa vorhandene Schaltfehler sowie Schluß zweier Phasen oder Phasenunterbrechung feststellen kann. In den Abb. 8 u. 9 und später auch in Abb. 13 sind der Deutlichkeit halber nur die oberen Stäbe gezeichnet. Auch in den Tabellen 4 bis 6 ist für jede Nuten- und Polzahl offenbar nur eine der vielen möglichen Schaltungsschemen gegeben. Über andere Schaltungsmöglichkeiten soll im nächsten Abschnitt ausführlich gesprochen werden.

Tabelle 4.

Rückschreitende Wellenwicklungen.

Polzahl	Synchr. Umdrehungszahl bei 50 Per.	Nutenzahl	Nuten pro Pol und Phase	Schaltschritt hinten	Schaltschritt vorn	Verbindungen	Anfänge oder Zuleitungen	Enden oder Nullpunkt	Bemerkungen
$2p$	n	U	k	y_1	y_2				
				12	11				
2	3000	24	4	1_o-13_u	13_u-24_o	10_u-22_u	1_o	13_o	
				2_o-14_u		18_u-6_u	9_o	21_o	
				3_o-15_u		2_u-14_u	17_o	5_o	
				usw.					
				15	14				
2	3000	30	5	1_o-16_u	16_u-30_o	12_u-27_u	1_o	16_o	
				2_o-17_u		22_u-7_u	11_o	26_o	
				3_o-18_u		2_u-17_u	21_o	6_o	
				usw.					
				18	17				
2	3000	36	6	1_o-19_u	19_u-36_o	14_u-32_u	1_o	19_o	
				2_o-20_u		26_u-8_u	13_o	31_o	
				3_o-21_u		2_u-20_u	25_o	7_o	
				usw.					
				21	20				
2	3000	42	7	1_o-22_u	22_u-42_o	16_u-37_u	1_o	22_o	
				2_o-23_u		30_u-9_u	15_o	36_o	
				3_o-24_u		2_u-23_u	29_o	8_o	
				usw.					
				24	23				
2	3000	48	8	1_o-25_u	25_u-48_o	18_u-42_u	1_o	25_o	
				2_o-26_u		34_u-10_u	17_o	41_o	
				3_o-27_u		2_u-26_u	33_o	9_o	
				usw.					
				27	26				
2	3000	54	9	1_o-28_u	28_u-54_o	20_u-47_u	1_o	28_o	
				2_o-29_u		38_u-11_u	19_o	46_o	
				3_o-30_u		2_u-29_u	37_o	10_o	
				usw.					

Tabelle 4.
(Fortsetzung.)

Pol-zahl	Synchr. Um-drehungs-zahl bei 50 Per.	Nuten-zahl	Nuten pro Pol und Phase	Schaltschritt hinten	Schaltschritt vorn	Verbin-dungen	Anfänge oder Zu-leitungen	Enden oder Null-punkt	Be-mer-kungen
$2p$	n	U	k	y_1	y_2				
4	1500	36	3	**9** 1_o—10_u 2_o—11_u 3_o—12_u usw.	**9 bis 8** 10_u—19_o	26_u—35_u 2_u—11_u 14_u—23_u	1_o 13_o 25_o	10_o 22_o 34_o	Symmetrische Verteilung der Phasenanfänge usw. am Rotorumfang
4	1500	48	4	**12** 1_o—13_u 2_o—14_u 3_o—15_u usw.	**12 bis 11** 13_u—25_o	34_u—46_u 2_u—14_u 18_u—30_u	1_o 17_o 33_o	13_o 29_o 45_o	wie oben
4	1500	60	5	**15** 1_o—16_u 2_o—17_u 3_o—18_u usw.	**15 bis 14** 16_u—31_o	42_u—57_u 2_u—17_u 22_u—37_u	1_o 21_o 41_o	16_o 36_o 56_o	wie oben
4	1500	72	6	**18** 1_o—19_u 2_o—20_u 3_o—21_u usw.	**18 bis 17** 19_u—37_o	50_u—68_u 2_u—20_u 26_u—44_u	1_o 25_o 49_o	19_o 43_o 67_o	wie oben
4	1500	84	7	**21** 1_o—22_u 2_o—23_u 3_o—24_u usw.	**21 bis 20** 22_u—43_o	58_u—79_u 2_u—23_u 30_u—51_u	1_o 29_o 57_o	22_o 50_o 78_o	wie oben
4	1500	96	8	**24** 1_o—25_u 2_o—26_u 3_o—27_u usw.	**24 bis 23** 25_u—49_o	66_u—90_u 2_u—26_u 34_u—58_u	1_o 33_o 65_o	25_o 57_o 89_o	wie oben

Tabelle 5.

Rückschreitende Wellenwicklungen.

Polzahl	Synchr. Umdrehungszahl bei 50 Per.	Nutenzahl	Nuten pro Pol und Phase	Schaltschritt hinten	Schaltschritt vorn	Verbindungen	Anfänge oder Zuleitungen	Enden oder Nullpunkt	Bemerkungen
$2p$	n	U	k	y_1	y_2				
				9	9 bis 8				
6	1000	54	3	1_o—10_u	10_u—19_o	44_u—53_u	1_o	10_o	
				2_o—11_u		2_u—11_u	13_o	22_o	
				3_o—12_u		14_u—23_u	25_o	34_o	
				usw.					
				12	12 bis 11				
6	1000	72	4	1_o—13_u	13_u—25_o	58_u—70_u	1_o	13_o	
				2_o—14_u		2_u—14_u	17_o	29_o	
				3_o—15_u		18_u—30_u	33_o	45_o	
				usw.					
				15	15 bis 14				
6	1000	90	5	1_o—16_u	16_u—31_o	72_u—87_u	1_o	16_o	
				2_o—17_u		2_u—17_u	21_o	36_o	
				3_o—18_u		22_u—37_u	41_o	56_o	
				usw.					
				18	18 bis 17				
6	1000	108	6	1_o—19_u	19_u—37_o	86_u—104_u	1_o	19_o	
				2_o—20_u		2_u—20_u	25_o	43_o	
				3_o—21_u		26_u—44_u	49_o	67_o	
				usw.					
				9	9 bis 8				
8	750	72	3	1_o—10_u	10_u—19_o	62_u—71_u	1_o	10_o	
				2_o—11_u		2_u—11_u	13_o	22_o	
				3_o—12_u		14_u—23_u	25_o	34_o	
				usw.					
				12	12 bis 11				Symmetrische Verteilung der Phasenanfänge usw. am Rotorumfang
8	750	96	4	1_o—13_u	13_u—25_o	82_u—94_u	1_o	13_o	
				2_o—14_u		18_u—30_u	33_o	45_o	
				3_o—15_u		50_u—62_u	65_o	77_o	
				usw.					

Tabelle 5.
(Fortsetzung.)

Polzahl	Synchr. Umdrehungszahl bei 50 Per.	Nutenzahl	Nuten pro Pol und Phase	Schaltschritt hinten	Schaltschritt vorn	Verbindungen	Anfänge oder Zuleitungen	Enden oder Nullpunkt	Bemerkungen
2 p	*n*	*U*	*k*	y_1	y_2				
8	750	120	5	**15** 1_o—16_u 2_o—17_u 3_o—18_u usw.	**15 bis 14** 16_u—31_o	102_u-117_u 2_u—17_u 22_u—37_u	1_o 21_o 41_o	16_o 36_o 56_o	
8	750	144	6	**18** 1_o—19_u 2_o—20_u 3_o—21_u usw.	**18 bis 17** 19_u—37_o	122_u-140_u 26_u—44_u 74_u—92_u	1_o 49_o 97_o	19_o 67_o 115_o	Symmetrische Verteilung der Phasenanfänge usw. am Rotorumfang
10	600	90	3	**9** 1_o—10_u 2_o—11_u 3_o—12_u usw.	**9 bis 8** 10_u—19_o	80_u—89_u 2_u—11_u 14_u—23_u	1_o 13_o 25_o	10_o 22_o 34_o	
10	600	120	4	**12** 1_o—13_u 2_o—14_u 3_o—15_u usw.	**12 bis 11** 13_u—25_o	106_u-118_u 26_u—38_u 66_u—78_u	1_o 41_o 81_o	13_o 53_o 93_o	Symmetrische Verteilung der Phasenanfänge usw. am Rotorumfang
10	600	150	5	**15** 1_o—16_u 2_o—17_u 3_o—18_u usw.	**15 bis 14** 16_u—31_o	132_u-147_u 32_u—47_u 82_u—97_u	1_o 51_o 101_o	16_o 66_o 116_o	wie oben

Tabelle 6.

Rückschreitende Wellenwicklungen.

Polzahl	Synchr. Umdrehungszahl bei 50 Per.	Nutenzahl	Nuten pro Pol und Phase	Schaltschritt hinten	Schaltschritt vorn	Verbindungen	Anfänge oder Zuleitungen	Enden oder Nullpunkt	Bemerkungen
$2p$	n	U	k	y_1	y_2				
				9	9 bis 8				
12	500	108	3	1_o—10_u	10_u—19_o	98_u—107_u	1_o	10_o	
				2_o—11_u		2_u—11_u	13_o	22_o	
				3_o—12_u		14_u—23_u	25_o	34_o	
				usw.					
				12	12 bis 11				Symmetrische Verteilung der Phasenanfänge usw. am Rotorumfang
12	500	144	4	1_o—13_u	13_u—25_o	130_u—142_u	1_o	13_o	
				2_o—14_u		34_u—46_u	49_o	61_o	
				3_o—15_u		82_u—94_u	97_o	109_o	
				usw.					
				15	15 bis 14				
12	500	180	5	1_o—16_u	16_u—31_o	162_u—177_u	1_o	16_o	
				2_o—17_u		2_u—17_u	21_o	36_o	
				3_o—18_u		22_u—37_u	41_o	56_o	
				usw.					
				9	9 bis 8				
16	375	144	3	1_o—10_u	10_u—19_o	134_u—143_u	1_o	10_o	
				2_o—11_u		2_u—11_u	13_o	22_o	
				3_o—12_u		14_u—23_u	25_o	34_o	
				usw.					
				12	12 bis 11				Symmetrische Verteilung der Phasenanfänge usw. am Rotorumfang
16	375	192	4	1_o—13_u	13_u—25_o	178_u—190_u	1_o	13_o	
				2_o—14_u		50_u—62_u	65_o	77_o	
				3_o—15_u		114_u—126_u	129_o	141_o	
				usw.					
				15	15 bis 14				
16	375	240	5	1_o—16_u	16_u—31_o	222_u—237_u	1_o	16_o	
				2_o—17_u		2_u—17_u	21_o	36_o	
				3_o—18_u		22_u—37_u	41_o	56_o	
				usw.					

Tabelle 6.
(Fortsetzung.)

Polzahl	Synchr. Umdrehungszahl bei 50 Per.	Nutenzahl	Nuten pro Pol und Phase	Schaltschritt hinten	Schaltschritt vorn	Verbindungen	Anfänge oder Zuleitungen	Enden oder Nullpunkt	Bemerkungen
2 p	n	U	k	y_1	y_2				
24	250	216	3	9 1_o—10_u 2_o—11_u 3_o—12_u usw.	9 bis 8 10_u—19_o	206_u-215_u 2_u—11_u 14_u—23_u	1_o 13_o 25_o	10_o 22_o 34_o	
24	250	288	4	12 1_o—13_u 2_o—14_u 3_o—15_u usw.	12 bis 11 13_u—25_o	274_u-286_u 2_u—14_u 18_u—30_u	1_o 17_o 33_o	13_o 29_o 45_o	
48	125	288	2	6 1_o—7_u 2_o—8_u 3_o—9_u usw.	6 bis 5 7_u—13_o	282_u-288_u 2_u—8_u 10_u—16_u	1_o 9_o 17_o	7_o 15_o 23_o	
48	125	432	3	9 1_o—10_u 2_o—11_u 3_o—12_u usw.	9 bis 8 10_u—19_o	422_u-431_u 2_u—11_u 14_u—23_u	1_o 13_o 25_o	10_o 22_o 34_o	
48	125	576	4	12 1_o—13_u 2_o—14_u 3_o—15_u usw.	12 bis 11 13_u—25_o	562_u-574_u 2_u—14_u 18_u—30_u	1_o 17_o 33_o	13_o 29_o 45_o	

II. Anormale Schaltungen.

Neben den bisher dargestellten normalen Schaltungen sind noch andere ausführbar. In der Tat führen einige Firmen Schaltungen aus, die von den bisher besprochenen mehr oder weniger abweichen.

In Ankerwickeleien (Reparaturwerkstätten) ist man, einerseits aus technischen Gründen, anderseits, um die Eigenart des Ursprungfabrikats möglichst zu wahren, bestrebt, bei Neuwicklung von Stabrotoren die Wicklung so auszuführen, wie sie ursprünglich — also vor der Reparatur — war. Die Wicklung eines defekten Stabrotors wird in der Regel von dem betreffenden Ankerwickler aufgenommen, d. h. er stellt die wichtigsten Bestimmungsstücke: Nutenzahl, den ersten und zweiten Teilschritt, Zuleitungen, Nullpunkt und Verbindungen fest. Diese Angaben genügen im allgemeinen für den Ankerwickler, um die alte Wicklung wieder herzustellen.

Der Ankerwickler stellt die Wicklung mechanisch wieder her, ohne sich um deren Verlauf im einzelnen zu kümmern. Er steht vielmehr auf dem Standpunkt: Wenn der Stabrotor früher funktionierte, wird er auch jetzt — nachdem die Wicklung genau nachgebildet ist — funktionieren, gleichgültig, ob die Schaltung eine normale ist, oder von einer solchen abweicht.

Es kann aber leicht der Fall eintreten, daß der Ankerwickler bei Aufnahme der Wicklung sich geirrt hat, was gerade bei anormalen Wicklungen passieren kann. Wenn dies nicht rechtzeitig bemerkt wird, so verursacht die Beseitigung des Fehlers meistens viel Arbeit, oft muß sogar der eben neugewickelte Rotor nochmals gewickelt werden, was natürlich Geld- und Zeitverlust bedeutet. Es kann ferner der Fall eintreten, daß der Ankerwickler die Aufnahme der Wicklung zwar richtig gemacht, aber einen bereits von anderer Seite falsch geschalteten Rotor vor sich hat. Aus praktischen sowohl wie auch aus theoretischen Gründen ist es daher zweckmäßig, daß der Betriebsingenieur jede Schaltung auf Grund der ihm vom Ankerwickler oder Werkmeister gemachten Angaben nachprüft, um sich von der Richtigkeit der Schaltung zu überzeugen und sich gleichzeitig über deren Verlauf ein klares Bild zu verschaffen. Unsere Aufgabe wird demnach lauten: Gegeben sind die früher angedeuteten Bestimmungsstücke einer 3-(oder 2-)phasigen Stabwicklung. Es ist auf Grund dieser Bestimmungsstücke das ursprüngliche Wicklungsschema zu rekonstruieren und auf dessen Brauchbarkeit zu prüfen.

Wir wollen versuchen, diese Aufgabe unter Zugrundelegung eines Beispiels aus der Praxis zu lösen.

Beispiel. Bei einem 8poligen AEG-Rotor wurden folgende Wickeldaten aufgenommen:

96 Nuten, Anfänge:	1_o	17_o	33_o
Enden:	14_o	30_o	94_o
Verbindungen:	89_u—6_u	9_u—22_u	25_u—86_u
Schritt:	$1_o \overset{hinten}{—} 13_u \overset{vorn}{—} 25_o$.		

Aus $2p = 8$ und $m = 3$ folgt $k = \dfrac{U}{2pm} = 4$.

Bei näherer Betrachtung der Wickeldaten findet man leicht, daß das Schaltungsschema von den bisher entwickelten Schemen abweicht; die Verbindungen haben nicht den Schritt $3k = 12$, sondern die ersten zwei Verbindungen haben den Schritt $y_v = 13$, und die dritte Verbindung hat — je nachdem, ob man den größeren oder den kleineren Bogen mißt — den Schritt **61** bzw. **35**! Außerdem sind die Enden nicht den normalen Schemen entsprechend: nach Tabelle 2 wäre beispielsweise Ende der Phase I Stab 13_o anstatt 14_o. Versuchen wir das Schema in der bisherigen Weise aufzuschreiben, so erhalten wir:

$$1_o \overset{h}{—} 13_u \overset{v}{—} 25_o \overset{h}{—} 37_u \overset{v}{—} 49_o \overset{h}{—} 61_u \overset{v}{—} 73_o \overset{h}{—} 85_u \overset{v}{—} 2_o$$
$$2_o — 14_u — 26_o — 38_u — 50_o — 62_u — 74_o — 86_u!$$

Wir gelangen also bereits nach dem zweiten Umlauf des Rotorumfangs zum Verbindungs- resp. Umkehrstab 86_u, was für $k = 4$ kein brauchbares Schema gibt. Auch das Schema für die rückwärtsschreitende Wellenwicklung:

$$1_o \overset{h}{—} 13_u \overset{v}{—} 25_o \overset{h}{—} 37_u \overset{v}{—} 49_o \overset{h}{—} 61_u \overset{v}{—} 73_o \overset{h}{—} 85_u \overset{v}{—} 96_o$$
$$96_o — 12_u — \cdots\cdots\cdots\cdots — 84_u — 95_o$$
$$95_o — 11_u — \cdots\cdots\cdots\cdots — 83_u — 94_o!$$

ist unbrauchbar; denn bereits nach dem dritten Umlauf — anstatt nach dem vierten — des Rotorumfanges gelangen wir zum Stab 94_o, welcher das Ende einer Phase ist. Wir hätten in dieser Phase im ganzen 13 obere und 12 untere, anstatt je 32 Stäbe!

Abgesehen davon, daß man im vorliegenden Falle durch Probieren das richtige Schema nicht ohne weiteres finden kann, ist auch keine

Gewißheit vorhanden, ob das Schema — wenn es auch formal richtig wäre — mit der an der Hand der Wickeldaten tatsächlich erfolgenden Schaltung übereinstimmt. Man muß entweder auf ein Nachprüfen der Schaltung bzw. auf eine klare Vorstellung über den Verlauf der Wicklung verzichten und sich einfach sagen: „Es wird schon stimmen, wenn die Schaltung richtig aufgenommen ist", oder man müßte ein genaues Schaltungsschema zeichnerisch anfertigen. Ein Schaltungsschema mit 96 Nuten (also 192 Stäben) so darzustellen, daß man den Verlauf der Wicklung, worauf es ja in diesem Falle einer anormalen Schaltung besonders ankommt, trotz des bekannten Wirrwarrs von Linien deutlich verfolgen kann, ist jedoch zeitraubend. Man wird hiervon, zumal in Ankerwickeleien, wo es sich — im Gegensatz zu den erzeugenden Firmen — um Einzelfälle handelt, wegen Zeitmangels absehen müssen.

Wie gleich gezeigt werden soll, sind wir dennoch in der Lage, jedes Schaltungsschema, gleichgültig ob dasselbe normal oder anormal ist, zu rekonstruieren und in der bisherigen Weise symbolisch durch Zahlen darzustellen. Zu diesem Zweck führen wir ein Hilfsschema ein, dessen Entwurf, wie wir sehen werden, äußerst einfach ist.

Abb. 10. Drehstrom-Stabrotor, Modell 5, Type Dr. 15/500, der Maffei-Schwartzkopff-Werke, Berlin, in drei verschiedenen Arbeitsstadien.
a) Stäbe eingebaut; b) Stäbe der Unterlage abgebogen; c) Rotor fertiggestellt.

Das Hilfsschema. Die Nuten sollen wie bisher im Sinne der fortlaufenden Wicklung gezählt werden, also in Abb. 5a von links nach rechts, falls die Anfänge in der Oberlage sich befinden. Der 1. Teilschritt ist bei ein und derselben Wicklung konstant. Der Ankerwickler kann demnach, nachdem er die erste Verbindungshülse zwischen Ober- und Unterlage auf der hinteren Rotorseite richtig angebracht hat, auf dieser Seite ohne weiteres sämtliche Hülsen der Reihe nach anbringen. Manche Firmen, z. B. Bergmann E. W. und Maffei-Schwartzkopff-Werke führen auf der hinteren Rotorseite überhaupt keine Hülsen aus, sondern jeder Stab der Oberlage ist mit dem zugehörigen Stab der Unterlage — ähnlich wie bei Gleichstromwicklungen — zu einer

Spule mit einer Windung und gekröpftem Kopf vereinigt (Abb. 10 u. 12a). Ist demnach hinten der Stab 1_o z. B. mit 13_u verbunden, so ist auf alle Fälle auch Stab 2_o mit 14_u, 3_o mit 15_u usw. verbunden (Abb. 11).

Anders verhält sich die Sache auf der Schaltseite (vorn)! Hat nämlich der Ankerwickler entsprechend dem zweiten Teilschritt die erste Verbindungshülse, z. B. 13_u—25_o festgelegt, was er auch bei Beginn der Schaltung stets tun wird, so kann er auf dieser Seite der Reihe nach: 14_u—26_o, 15_u—27_o usw. *nur so lange schalten*, bis ein Stab von besonderer Bedeutung, d. h. eine Verbindung oder ein Anfang oder ein

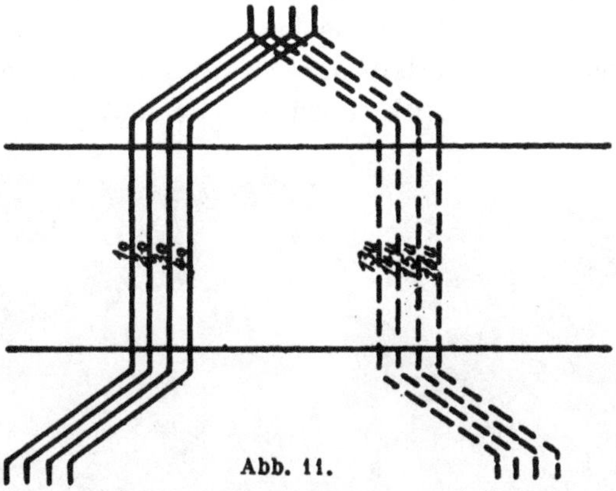

Abb. 11.

Ende kommt. Diese Stäbe müssen übergangen werden, und die Schaltung erfolgt weiter, indem der nächste untere bzw. der nächste obere Stab geschaltet wird. *An dieser Stelle tritt auch eine Änderung des 2. Teilschrittes ein:* im ersten Abschnitt war diese Änderung von $3k$ auf $3k+1$ bzw. auf $3k-1$. Fassen wir den Vorgang bei der praktischen Ausführung der Stabwicklung nochmals zusammen. Der Ankerwickler baut zunächst sämtliche Stäbe ein; hierauf kennzeichnet er die Stäbe von besonderer Bedeutung, die bei der Schaltung *zunächst zu übergehen sind*. Entsprechend dem 1. Teilschritt verbindet er nun auf der *hinteren* Rotorseite den ersten oberen mit dem zugehörigen unteren Stab, z. B. 1_o mit 13_u, und kann alsdann, wie bereits erwähnt, auf dieser Seite sämtliche Verbindungshülsen anbringen. Entsprechend dem 2. Teilschritt bringt der Ankerwickler nunmehr auf der Schaltseite die *erste* Verbindungshülse an, er verbindet also in unserem Beispiele vorn den 13. Stab der Unterlage (13_u) mit dem 25. Stab der Oberlage (25_o)

$$13_u \overset{\text{vorn}}{—} 25_o \quad \text{(Abb. 5a)}.$$

Von da ab erfolgt die Schaltung rein *mechanisch*, d. h. der Ankerwickler schaltet Stab 14_u mit 26_o, 15_u mit 27_o usw.; trifft er jedoch auf einen oberen (Anfang oder Ende) oder unteren Stab (Verbindung) von besonderer Bedeutung, der ja irgendwie gekennzeichnet ist und vorderhand nicht geschaltet wird, so tritt an Stelle des auszulassenden Stabes der nächste obere bzw. untere Stab. Ist die Schaltung in dieser Weise beendet, so werden die zugehörigen Verbindungsstäbe miteinander verbunden, sofern dies nicht wie in den meisten Fällen schon vor dem Einbauen der Stäbe geschehen ist. Nunmehr können, wie im ersten Abschnitt erwähnt, die einzelnen Phasen mit einer Probierlampe abgeleuchtet werden.

Der Ankerwickler schaltet also, nachdem er auf der Schaltseite die erste Hülse angebracht hat, wie soeben bemerkt, rein mechanisch, ohne sich um den eigentlichen Verlauf der Wicklung zu kümmern, was übrigens über seine Aufgabe hinausgehen würde. Er muß sich auf die ihm zur

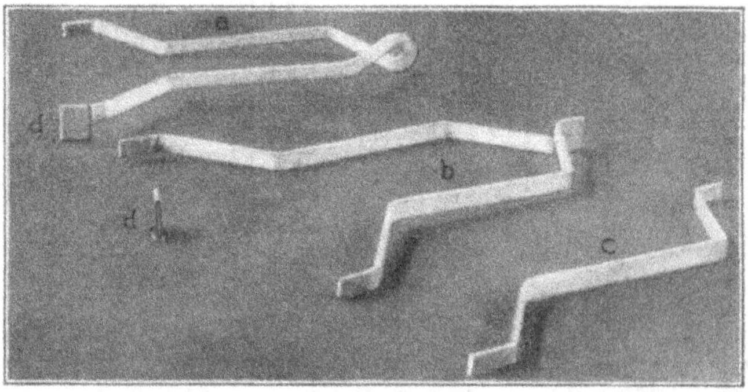

Abb. 12. a) Gekröpfte Spule (auf der Rückseite ohne Verbindungshülse, vgl. auch Abb. 10); b) Spule, bestehend aus einem Stab der Ober- und einem Stab der Unterlage, die durch eine Hülse verbunden sind; c) Stab der Oberlage; d) Verbindungshülse.

Verfügung stehenden Angaben, sei es bei der Wicklung eines zu reparierenden oder eines neuen Rotors, verlassen können. Ein geübter Wickler wird in der Regel durch Ableuchten usw. erkennen, ob die ausgeführte Schaltung richtig ist. In zweifelhaften Fällen — namentlich bei anormalen Wicklungen — muß er eben den Meister oder den Betriebsingenieur zu Rate ziehen.

Das Hilfsschema besteht nun darin, daß wir den eben beschriebenen Schaltvorgang namentlich auf der vorderen Rotorseite zahlenmäßig nachbilden, was am besten durch unser Beispiel erläutert werden soll. Wir gehen aus von dem Schaltschritt:

$$1_o \overset{hinten}{\text{———}} 13_u \overset{vorn}{\text{———}} 25_o .$$

Dies besagt, daß vorn, d. h. auf der Schaltseite, Stab 13 von der Unterlage mit Stab 25 von der Oberlage zu verbinden ist; dementsprechend wäre Stab 14_u mit Stab 26_o usw. zu verbinden, sofern die betreffenden Stäbe frei, d. h. keine Stäbe von besonderer Bedeutung sind. (Aus den Überlegungen geht hervor, daß das Hilfsschema sich auf die Schaltseite bezieht.) Nach dem untenstehenden Hilfsschema ist beispielsweise Stab **17_u** mit Stab 29_o geschaltet; hingegen kann nicht Stab 18_u mit Stab 30_o, da dieser nach den früher angegebenen Wickeldaten das Ende einer Phase ist, sondern es muß 18_u mit **31_o** geschaltet werden. Ebenso folgt auf 21_u—35_o, da 22_u Verbindungsstab ist, nicht 22_u—36_o, sondern **23_u**—36_o.

Hilfsschema.

vorn

13_u—25_o
14_u—26_o
15_u—27_o
16_u—28_o
17_u—29_o
30_o Ende
18_u—31_o
19_u—32_o
33_o Anfang
20_u—34_o
21_u—35_o
22_u Verbindungsstab
23_u—36_o
24_u—37_o
25_u Verbindungsstab
26_u—38_o
. .
. .
. .
76_u—88_o
77_u—89_o
78_u—90_o
79_u—91_o
80_u—92_o
81_u—93_o
94_o Ende
82_u—95_o
83_u—96_o
1_o Anfang

vorn

84_u—2_o
85_u—3_o
86_u Verbindungsstab
87_u—4_o
88_u—5_o
89_u Verbindungsstab
90_u—6_o
. .
. .
. .
95_u—11_o
96_u—12_o
1_u—13_o
14_o Ende
2_u—15_o
3_u—16_o
17_o Anfang
4_u—18_o
5_u—19_o
6_u Verbindungsstab
7_u—20_o
8_u—21_o
9_u Verbindungsstab
10_u—22_o
11_u—23_o
12_u—24_o
13_u—25_o!

Nunmehr sind wir in der Lage, das Schaltungsschema in der bisherigen Weise zahlenmäßig aufzustellen, wenn wir berücksichtigen, daß der erste Teilschritt — also auf der hinteren Rotorseite — konstant ist, während wir aus dem Hilfsschema entnehmen, mit welchem oberen Stab ein gegebener unterer Stab auf der vorderen Rotorseite zu schalten ist. Schreiben wir die erste Reihe des Schaltungsschemas:

$$1_o \overset{h}{—} 13_u \overset{v}{—} 25_o \overset{h}{—} 37_u \overset{v}{—} 49_o \overset{h}{—} 61_u \overset{v}{—} 73_o \overset{h}{—} 85_u \overset{v}{—}$$

hin, so finden wir, daß die Schaltungen $13_u \overset{v}{—} 25_o$, $37_u \overset{v}{—} 49_o$ und $61_u \overset{v}{—} 73_o$ mit dem Hilfsschema übereinstimmen, während der Stab 85_u nicht mit 2_o, sondern mit $\mathbf{3}_o$ zu schalten ist! Die obige Reihe lautet demnach vollständig:

$$1_o \overset{h}{—} 13_u \overset{v}{—} 25_o \overset{h}{—} 37_u \overset{v}{—} 49_o \overset{h}{—} 61_u \overset{v}{—} 73_o \overset{h}{—} 85_u \overset{v}{—} 3_o!$$

Hieraus ist zu ersehen, daß wir bei unserem Schaltungsschema nach dem ersten Umlauf des Rotors nicht zum benachbarten Stab 2_o, sondern bereits zum dritten Stab 3_o gelangen. Man findet nun das Schaltungsschema der Phase I:

$$1_o \overset{h}{—} 13_u \overset{v}{—} 25_o \overset{h}{—} 37_u \overset{v}{—} 49_o \overset{h}{—} 61_u \overset{v}{—} 73_o \overset{h}{—} 85_u \overset{v}{—} \mathbf{3}_o!$$

$$3_o — 15_u — 27_o — 39_u — 51_o — 63_u — 75_o — 87_u — 4_o$$

$$4_o — 16_u — 28_o — 40_u — 52_o — 64_u — 76_o — 88_u — 5_o$$

$$5_o — 17_u — 29_o — 41_u — 53_o — 65_u — 77_o — \underline{\mathbf{89}_u — \mathbf{6}_u} \quad \text{Verbindung}$$

$$6_u \overset{h}{—} 90_o \overset{v}{—} 78_u \overset{h}{—} 66_o \overset{v}{—} 54_u \overset{h}{—} 42_o \overset{v}{—} 30_u \overset{h}{—} 18_o \overset{v}{—} 4_u$$

$$4_u — 88_o — 76_u — 64_o — 52_u — 40_o — 28_u — 16_o — 3_u$$

$$3_u — 87_o — 75_u — 63_o — 51_u — 39_o — 27_u — 15_o — 2_u$$

$$2_u — 86_o — 74_u — 62_o — 50_u — 38_o — 26_u — \mathbf{14}_o — \text{Ende.}$$

Die Phasen I und II sind kongruent[1]), und zwar sind sämtliche entsprechenden Stäbe von besonderer Bedeutung um $4k = 16$ Stäbe gegeneinander verschoben. Anfang II: $(1 + 16)_o = 17_o$; Ende II: $(14 + 16)_o = 30_o$; $(89 + 16)_u = 105_u$ ist identisch mit Stab 9_u; $(6 + 16)_u = 22_u$. Bei der III. Phase sind ein Verbindungsstab und das Ende um 2 Polpaare = 48 Nuten nach vorwärts verschoben. Der zweite Verbindungsstab dieser Phase müßte sein $(22 + 16)_u = 38_u$; statt dessen ist er $(38 + \mathbf{48})_u = 86_u$! Hieraus ergibt sich, wenn man den größeren Bogen mißt, der früher erwähnte anormale Verbindungsschritt $y_v = 86 - 25 = \mathbf{61}$. Der Verlauf der Schaltung der Phase III ergibt sich aus folgendem Schema:

1) Vgl. hierüber S. 36.

$33_o \overset{h}{—} 45_u \overset{v}{—} 57_o \overset{h}{—} 69_u \overset{v}{—} 81_o \overset{h}{—} 93_u \overset{v}{—} 9_o \overset{h}{—} 21_u \overset{v}{—} 35_o$
$35_o—47_u—59_o—71_u—83_o—95_u—11_o—23_u—36_o$
$36_o—48_u—60_o—72_u—84_o—96_u—12_o—24_u—37_o$
$37_o—49_u—61_o—73_u—85_o—1_u—13_o—$**$\underline{25_u—86_u}$** Verbindung

$86_u \overset{h}{—} 74_o \overset{v}{—} 62_u \overset{h}{—} 50_o \overset{v}{—} 38_u \quad h \quad v \quad h \quad v$
$38_u—26_o—14_u—2_o—84_u—72_o—60_u—48_o—36_u$
$36_u—24_o—12_u—96_o—83_u—71_o—59_u—47_o—35_u$
$35_u—23_o—11_u—95_o—82_u—70_o—58_u—46_o—34_u$
$34_u—22_o—10_u—$**94_o** Ende.

Bei der in unserem Beispiel behandelten Schaltung ist hervorzuheben, daß beim Ableuchten der einzelnen Phasen ein Stab leuchtet, der nächste nicht und dann wiederum 3 (allgemein $k-1$) Stäbe leuchten, worauf schließlich $2k$ bzw. $(2k-2)$ — in unserem Falle 8 bzw. 6 Stäbe hintereinander — nicht leuchten. Dies läßt sich auch schematisch, wie in Abb. 13 angedeutet, darstellen.

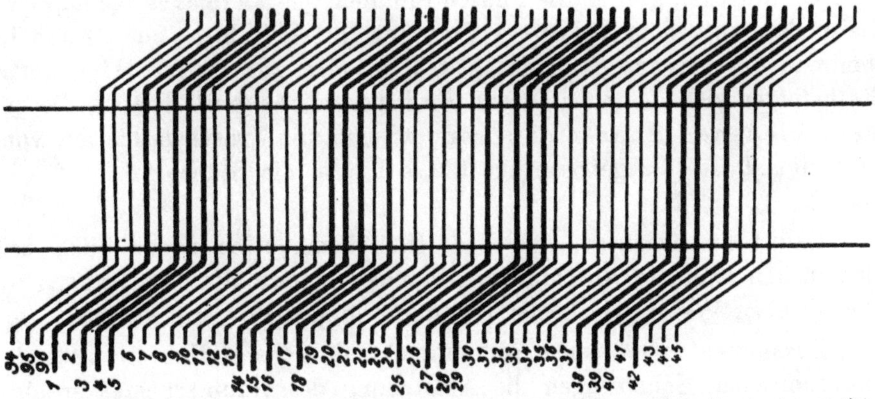

Abb. 13. Oberlage eines 8poligen AEG-Stabrotors mit 96 Nuten. Fortschreitende (anormale) Wellenwicklung. Die stark ausgezogenen Linien bedeuten die oberen Stäbe der Phase I, die also beim Ableuchten mit einer Probierlampe miteinander brennen.

Das Hilfsschema des von uns gewählten Beispiels zeigt u. a., daß der 2. Teilschritt y_2 zwischen $3k$, $3k+1$ und $\mathbf{3k+2}$ schwankt!

Z. B. bei $17_u—29_o \cdots\cdots\cdots\; y_2 = 3k \quad\;\;\, = 12$
» $18_u—31_o \cdots\cdots\cdots\; y_2 = 3k + 1 = 13$
hingegen » $20_u—34_o \cdots\cdots\cdots\; y_2 = 3k + 2 = 14!$

Dies ist von Bedeutung, wenn die Stäbe beim Ausbauen der alten Rotorwicklung nicht numeriert wurden. Da infolge des Schrittunterschiedes lange und kurze Stäbe vorhanden sind, so passen letztere nicht, namentlich falls ein kurzer an Stelle eines langen Stabes kommt. Aus unserem Hilfsschema können wir aber die Verteilung der Stäbe aufs genaueste im voraus entnehmen. Beispielsweise entnimmt man letzterem, daß sämtliche Stäbe von 26_u—38_o bis 81_u—93_o „kurze“ Stäbe sind, da hier der Schritt durchweg $3k = 12$ ist.

Als eine weitere Besonderheit der Schaltung unseres Beispieles wäre noch folgendes hervorzuheben. Bei sämtlichen im Abschnitt I dargestellten Schaltungen gilt, wie man sich leicht überzeugen kann, die Regel, daß, sobald k (aufeinanderfolgende) Stäbe der Oberlage zu einer bestimmten Phase gehören, die in den entsprechenden Nuten sich befindenden k Stäbe der Unterlage ebenfalls zur gleichen Phase gehören. Aus dem Schema auf S. 5 ist beispielsweise leicht zu entnehmen, daß die Stäbe: 5_o, 6_o, 7_o, 8_o und 5_u, 6_u, 7_u, 8_u zur Phase II, ebenso die Stäbe: 33_o, 34_o, 35_o, 36_o und 33_u, 34_u, 35_u, 36_u zur Phase III gehören.

Sofern in jeder Rotornut nur ein Stab der Ober- und ein Stab der Unterlage sich befinden (Abb. 1), kommen also in ein und derselben Nut niemals zwei verschiedene Phasen zusammen. In unserem Beispiel hingegen greifen die Phasen räumlich gewissermaßen ineinander. Beispielsweise gehört der obere Stab der Nut 1, d. h. 1_o, zur Phase I, während der untere Stab der Nut 1, also 1_u, zur Phase III gehört. Es befinden sich demnach in ein und derselben Nut Stäbe, die zu verschiedenen Phasen gehören, was für die Zwischenisolation von Wichtigkeit ist. Es gehören zur Phase I u. a. die Stäbe: 1_o, 3_o, 4_o, 5_o und 2_u, 3_u, 4_u, 6_u.

Es ist zu beachten, daß das Hilfsschema selbstredend auch bei den in den früheren Abschnitten behandelten normalen Schaltungen in der gleichen Weise, wie bisher erläutert, aufgestellt werden kann.

Zusammenfassend sehen wir nunmehr, daß das Hilfsschema auch bei anormalen Schaltungen die Aufstellung des Hauptschemas ermöglicht und beide zusammen uns einen vollkommenen Einblick über: Verlauf der Schaltung, Änderungen des zweiten Teilschrittes, etwaige Besonderheiten beim Ableuchten usw. gestatten. Zum besseren Verständnis seien noch einige charakteristische Beispiele angeführt.

Beispiel. Bei einem Drehstromrotor wurden folgende Wickeldaten festgestellt:

$$2p = 6; \quad U = 90;$$

Anfänge:	1_o	11_o	21_o
Enden:	16_o	86_o	6_o
Verbindungen:	72_u—87_u	82_u—67_u	2_u—77_u

$$\text{Schritt: } 1_o \xrightarrow{\text{hinten}} 16_u \xrightarrow{\text{vorn}} 31_o.$$

Es ist das Schaltungsschema zu rekonstruieren. Aus obigen Angaben folgt: $k = \frac{U}{2pm} = \frac{90}{18} = 5$; ferner $y_1 = 3k = 15$. Der gegenseitige Abstand der Anfänge der Phasen beträgt 10 Stäbe, also gleich $2\,k$, während wir im allgemeinen $4\,k$ zugrunde legten.

Wir stellen zunächst unter genauer Beachtung der Wickeldaten das Hilfsschema auf.

Hilfsschema.

vorn	*vorn*
16_u—31_o	81_u—5_o
17_u—32_o	**82_u** Verbindungsstab
18_u—33_o	**6_o** Ende
» »	83_u—7_o
» »	84_u—8_o
» »	85_u—9_o
58_u—73_o	86_u—10_o
» »	**87_u** Verbindungsstab
» »	**11_o** Anfang
» »	88_u—12_o
63_u—78_o	89_u—13_o
64_u—79_o	90_u—14_o
65_u—80_o	1_u—15_o
66_u—81_o	**2_u** Verbindungsstab
67_u Verbindungsstab	**16_o** Ende
68_u—82_o	3_u—17_o
69_u—83_o	4_u—18_o
70_u—84_o	5_u—19_o
71_u—85_o	6_u—20_o
72_u Verbindungsstab	**21_o** Anfang
86_o Ende	7_u—22_o
73_u—87_o	8_u—23_o
74_u—88_o	» »
75_u—89_o	» »
76_u—90_o	» »
77_u Verbindungsstab	13_u—28_o
1_o Anfang	14_u—29_o
78_u—2_o	15_u—30_o
79_u—3_o	16_u—31_o!
80_u—4_o	

Aus dem Hilfsschema ist zu ersehen, daß der 2. Teilschritt zwischen $3k = 15$ und $3k - 1 = 14$ schwankt. Die Schaltung ist demnach eine rückschreitende Wellenwicklung. Für die erste Phase lautet das Schema:

$$1_o \overset{h}{—} 16_u \overset{v}{—} 31_o \overset{h}{—} 46_u \overset{v}{—} 61_o \overset{h}{—} 76_u \overset{v}{—} 90_o$$
$$90_o — 15_u — 30_o — 45_u — 60_o — 75_u — 89_o$$
$$89_o — 14_u — 29_o — 44_u — 59_o — 74_u — 88_o$$
$$88_o — 13_u — 28_o — 43_u — 58_o — 73_u — 87_o$$
$$87_o — 12_u — 27_o — 42_u — 57_o — \underline{\mathbf{72}_u — \mathbf{87}_u} \text{ Verbindung}$$

$$87_u \overset{h}{—} 72_o \overset{v}{—} 57_u \overset{h}{—} 42_o \overset{v}{—} 27_u \overset{h}{—} 12_o \overset{v}{—} 88_u$$
$$88_u — 73_o — 58_u — 43_o — 28_u — 13_o — 89_u$$
$$89_u — 74_o — 59_u — 44_o — 29_u — 14_o — 90_u$$
$$90_u — 75_o — 60_u — 45_o — 30_u — 15_o — 1_u$$
$$1_u — 76_o — 61_u — 46_o — 31_u — \mathbf{16}_o \text{ Ende.}$$

Bemerkt sei an dieser Stelle, daß bei der Aufnahme der Rotorwicklung die Zugehörigkeit der Stäbe von besonderer Bedeutung zueinander sowie zu den einzelnen Phasen in der Regel nicht ausdrücklich festgestellt wird. Es ist also beispielsweise nicht ausdrücklich angegeben, welche Verbindung zur ersten, bzw. zur zweiten, bzw. zur dritten Phase gehört. Dies ergibt sich jedoch eindeutig aus dem entworfenen Schaltungsschema. Lediglich der Einfachheit halber sind in diesem (und im allgemeinen auch in den übrigen) Beispielen die Stäbe von besonderer Bedeutung entsprechend der Reihenfolge der Phasen aufgeführt.

Bezeichnen wir die Anfänge der Phasen mit A_{I}, A_{II}, A_{III}, die Enden mit E_{I}, E_{II}, E_{III} und die Verbindungsstäbe mit V_{I}', V_{I}'', V_{II}', V_{II}'', V_{III}' und V_{III}'', wobei die Buchstaben gleichzeitig die Stabnummern bedeuten mögen, dann ist offenbar die Entfernung der entsprechenden Stäbe zweier Phasen, z. B. der Phasen I und II, die Differenz:

$$A_{\mathrm{II}} - A_{\mathrm{I}}, \quad E_{\mathrm{II}} - E_{\mathrm{I}}, \quad V_{\mathrm{II}}' - V_{\mathrm{I}}' \text{ usw.}$$

Sind diese Differenzen sämtlich einander gleich, also:

$$A_{\mathrm{II}} - A_{\mathrm{I}} = E_{\mathrm{II}} - E_{\mathrm{I}} = V_{\mathrm{II}}' - V_{\mathrm{I}}' = V_{\mathrm{II}}'' - V_{\mathrm{I}}''$$

oder in Worten: Sind sämtliche Stäbe von besonderer Bedeutung der Phasen I und II beziehentlich voneinander gleich weit entfernt, so bezeichnen wir in Zukunft der Kürze halber die betreffenden Phasen als kongruent. Phase III ist demnach kongruent Phase II, wenn:

$$A_{\mathrm{III}} - A_{\mathrm{II}} = E_{\mathrm{III}} - E_{\mathrm{II}} = V_{\mathrm{III}}' - V_{\mathrm{II}}' = V_{\mathrm{III}}'' - V_{\mathrm{II}}''.$$

Unsere Bezeichnung wird sofort klar, wenn man bedenkt, daß man — unter der gemachten Voraussetzung — durch Drehung der Phase II um $A_{II} - A_I$ Stäbe nach rückwärts dieselbe mit Phase I zur Deckung bringen kann. Oder: man denke sich den Anfang der Phase I $A_I = 1_o$ um $A_{II} - A_I$ Stäbe nach vorwärts verschoben, so daß die zweite Phase mit dem Stab 1_o beginnt, so erhält man für beide Phasen das gleiche Schaltbild.

Sind 2 oder sämtliche 3 Phasen einander kongruent, so genügt es selbstredend, das Schaltungsschema einer Phase nach unserem Verfahren zu entwerfen und sich von dessen Richtigkeit zu überzeugen, um auf die Richtigkeit der übrigen Phasen schließen zu können. Bei sämtlichen im Abschnitt I behandelten Beispielen sowie bei den in den Tabellen 1 bis 6 dargestellten Schaltungsschemen, waren die früher erwähnten Bedingungen erfüllt und mithin die Phasen stets kongruent.

In unserem Beispiele sind die Phasen I und II nicht kongruent; denn: $11 - 1 = 10$, $86 - 16 = 70!$ $82 - 72 = 10$, $67 - 87 = -20 = 70!$ Wir entwerfen demnach unter Berücksichtigung der gegebenen Wicklungsdaten und des Hilfsschemas das Schaltbild der zweiten Phase:

$11_o \overset{h}{-} 26_u \overset{v}{-} 41_o \overset{h}{-} 56_u \overset{v}{-} 71_o \overset{h}{-} 86_u \overset{v}{-} 10_o$
$10_o - 25_u - 40_o - 55_u - 70_o - 85_u - 9_o$
$9_o - 24_u - 39_o - 54_u - 69_o - 84_u - 8_o$
$8_o - 23_u - 38_o - 53_u - 68_o - 83_u - 7_o$
$7_o - 22_u - 37_o - 52_u - 67_o - \underline{\mathbf{82_u - 67_u}}$ Verbindung

$67_u \overset{h}{-} 52_o \overset{v}{-} 37_u \overset{h}{-} 22_o \overset{v}{-} 7_u \quad h \quad v$
$7_u - 82_o - 68_u - 53_o - 38_u - 23_o - 8_u$
$8_u - 83_o - 69_u - 54_o - 39_u - 24_o - 9_u$
$9_u - 84_o - 70_u - 55_o - 40_u - 25_o - 10_u$
$10_u - 85_o - 71_u - 56_o - 41_u - 26_o - 11_u$
$11_u - \mathbf{86_o}$ Ende.

Bei dieser Phase ist der erste Verbindungsstab 82_u nicht mit dem Stab, der um $3k = 15$ Stäbe vorwärts liegt, also mit 7_u, sondern mit dem Stab, der um $3k$ rückwärts liegt, also mit 67_u (vgl. Abb. 14) geschaltet. Dies beeinflußt naturgemäß die Lage des Endes der Phase. Im übrigen entspricht jedoch die Schaltung den im Abschnitt I behandelten Schaltungen. (Man vergleiche die Abb. 6 und 14 miteinander!)

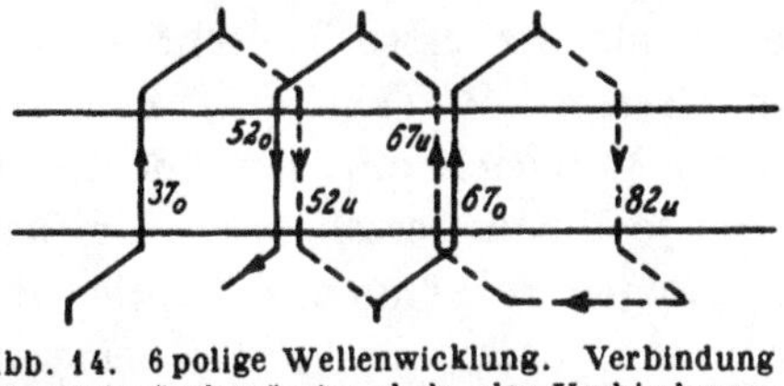

Abb. 14. 6polige Wellenwicklung. Verbindung schreitet rückwärts, d. h., der Verbindungsschritt y_r ist negativ.

Die Phasen II und III sind kongruent, denn:

$$21 - 11 = 6 - 86\,[= (90 + 6) - 86] = 2 - 82\,[= (90 + 2) - 82] = \\ = 77 - 67 = 10.$$

Es erübrigt sich infolgedessen, das Schaltbild der dritten Phase zu entwerfen.

Beispiel. Bei einem Drehstromrotor, Fabrikat Bergmann, wurden folgende Wickeldaten festgestellt: $U = 60$ Nuten, $2p = 4$;

Anfänge:	1_o	21_o	41_o
Enden:	16_o	36_o	56_o
Verbindungen:	51_u—6_u	11_u—26_u	31_u—46_u
Schritt:		$1_o \overset{h}{-} \mathbf{17}_u \overset{v}{-} 31_o$	

$$k = \frac{U}{2\,pm} = 5.$$

Abb. 15. Drehstromrotor 400 PS, $n = 3000$ Umdr./Min.

Bei diesem Beispiel ist zunächst hervorzuheben, daß der erste Teilschritt $\boldsymbol{y_1 = 3k + 1 = 16}$, während der zweite Teilschritt $y_2 = 3k - 1 = \mathbf{14}$; die Verbindungen haben den normalen Schritt $y_v = 3k = 15$; wie wir später sehen werden, schwankt y_2 zwischen $3k - 1$ und $3k$. Von den Schwankungen des zweiten Teilschrittes abgesehen, finden wir zum erstenmal, daß dieser kleiner ist als der erste Teilschritt. Die Anfänge und Enden sind normal (vgl. Beispiel 9, Tabelle 1), hingegen sind die Verbindungen anormal (wie ein Vergleich mit dem soeben erwähnten Beispiel zeigt, sind letztere um je 1 Nut verschoben). Um den Verlauf der Schaltung im einzelnen verfolgen zu können, entwerfen wir das Hilfsschema. Aus diesem ersehen wir, daß, wie bereits bemerkt, y_2 zwischen $3k - 1 = 14$ und $3k = 15$ schwankt. Nunmehr entwerfen wir das Schaltungsschema der Phase I. Aus letzterem ist zu ersehen, daß es eine fortschreitende Wellenwicklung ist.

Hilfsschema.

vorn

$17_u - 31_o$
$18_u - 32_o$
$19_u - 33_o$
$20_u - 34_o$
$21_u - 35_o$
$\mathbf{36}_o$ Ende
$22_u - 37_o$
$23_u - 38_o$
$24_u - 39_o$
$25_u - 40_o$
$\mathbf{26}_u$ Verbindungsstab
$\mathbf{41}_o$ Anfang
$27_u - 42_o$
$28_u - 43_o$
$29_u - 44_o$
$30_u - 45_o$
$\mathbf{31}_u$ Verbindungsstab
$32_u - 46_o$
$33_u - 47_o$
$34_u - 48_o$
. .
. .
$40_u - 54_o$
$41_u - 55_o$
$\mathbf{56}_o$ Ende
$42_u - 57_o$
$43_u - 58_o$
$44_u - 59_o$
$45_u - 60_o$
$\mathbf{46}_u$ Verbindungsstab

vorn

$\mathbf{1}_o$ Anfang
$47_u - 2_o$
$48_u - 3_o$
$49_u - 4_o$
$50_u - 5_o$
$\mathbf{51}_u$ Verbindungsstab
$52_u - 6_o$
. .
. .
. .
$60_u - 14_o$
$1_u - 15_o$
$\mathbf{16}_o$ Ende
$2_u - 17_o$
$3_u - 18_o$
$4_u - 19_o$
$5_u - 20_o$
$\mathbf{6}_u$ Verbindungsstab
$\mathbf{21}_o$ Anfang
$7_u - 22_o$
$8_u - 23_o$
$9_u - 24_o$
$10_u - 25_o$
$\mathbf{11}_u$ Verbindungsstab
$12_u - 26_o$
. .
. .
. .
$17_u - 31_o$!

Schaltungsschema der Phase I.

$1_o \overset{h}{-} 17_u \overset{v}{-} 31_o \overset{h}{-} 47_u \overset{v}{-} 2_o$
$2_o - 18_u - 32_o - 48_u - 3_o$
$3_o - 19_u - 33_o - 49_u - 4_o$
$4_o - 20_u - 34_o - 50_u - 5_o$
$5_o - 21_u - 35_o - \underline{\mathbf{51}_u - \mathbf{6}_u}$ Verbindung

$6_u \overset{h}{-} 50_o \overset{v}{-} 36_u \overset{h}{-} 20_o \overset{v}{-} 5_u$
$5_u - 49_o - 35_u - 19_o - 4_u$
$4_u - 48_o - 34_u - 18_o - 3_u$
$3_u - 47_o - 33_u - 17_o - 2_u$
$2_u - 46_o - 32_u - \mathbf{16}_o$ Ende

Die Phasen II und III sind der Phase I kongruent, weshalb es sich erübrigt, die Schaltungsschemen für die ersteren aufzustellen.

Beim Ableuchten des fertiggeschalteten Rotors in der bekannten Weise findet man ein vollständig normales Verhalten desselben, indem abwechselnd $k = 5$ Stäbe hintereinander leuchten, und $2k = 10$ Stäbe hintereinander nicht leuchten.

Für den Ankerwickler wäre zum Schluß noch hervorzuheben, daß die einzelnen Phasen — ähnlich wie im vorletzten Beispiel des AEG-Ankers — ihrer räumlichen Lage nach verkettet sind (vgl. Abb. 13). Beispielsweise gehört der Stab $\mathbf{1}_o$ der Phase I, hingegen der Stab $\mathbf{1}_u$ der Phase III an, ebenso: der Stab $\mathbf{6}_u$ der Phase I, hingegen der Stab $\mathbf{6}_o$ der Phase II an.

Diese Verkettung ist im folgenden schematisch angedeutet:

		Phase III					Phase I				
Oberlage		56_o	57_o	58_o	59_o	60_o	1_o	2_o	3_o	4_o	5_o
Unterlage	56_u	57_u	58_u	59_u	60_u	1_u	2_u	3_u	4_u	5_u	6_u

	Phase II					Phase III				
Oberlage	6_o	7_o	8_o	9_o	10_o	11_o	12_o	13_o	14_o	15_o
Unterlage	7_u	8_u	9_u	10_u	11_u	12_u	13_u	14_u	15_u	16_u

Beispiel. Bei der Reparatur eines 40-PS-Drehstromrotors wurden folgende Wicklungsdaten festgestellt. $U = 72$ Nuten; der Rotor war sechspolig, also $2p = 6$;

Anfänge:	1_u	17_u	33_u
Enden:	13_u	29_u	45_u
Verbindungen:	65_o—5_o	9_o—21_o	25_o—37_o

Schritt: $1_u \overset{h}{—} \mathbf{14}_o \overset{v}{—} 25_u$.

Bei allen bisher behandelten Beispielen waren ausnahmslos die Anfänge und die Enden obere und die Verbindungen untere Stäbe. Es leuchtet ohne weiteres ein, daß eine brauchbare Schaltung sich grundsätzlich nicht ändert, wenn wir uns die oberen und unteren Stäbe miteinander vertauscht denken. Unsere bisherigen Betrachtungen bleiben also auch dann richtig, wenn wir überall die Indizes *u* und *o* miteinander vertauschen würden. Im vorliegenden Beispiele sind, wie aus den Wicklungsdaten zu ersehen, die Anfänge und Enden untere, während die Verbindungen obere Stäbe sind, was also an und für sich auf die Richtigkeit der Schaltung keinen Einfluß hat.

Denken wir uns die Ober- und Unterlage bzw. die Indizes *o* und *u* miteinander vertauscht, so zeigt die nähere Betrachtung der Wicklungsdaten, daß das soeben angeführte Beispiel dem vorigen analog ist und mithin die dort gemachten Bemerkungen sinngemäß auch hier gelten

In unserem Falle ist:

$$k = \frac{U}{2pm} = 4; \quad y_1 = \mathbf{3k + 1 = 13}; \quad y_v = \mathbf{3k} = 12; \quad y_2 = \mathbf{3k - 1} = 11.$$

Es bietet keinerlei Schwierigkeiten, das Hilfsschema und hierauf das Schaltungsschema der ersten Phase in bekannter Weise zu entwerfen.

Abb. 16. Einanker-Umformer, Type U 3000/300, der Maffei-Schwartzkopff-Werke; Anker im Bau, Spulen einlegen; links unten einbaufertige Spulen.

Infolge der Kongruenz sämtlicher Phasen erübrigt es sich, das Schaltungsschema der Phasen II und III nachzuprüfen. Es ist — genau wie im vorigen Beispiel (vgl. auch Beispiel 2, Tabelle 2) — eine fortschreitende Wellenwicklung, deren Phasen ihrer räumlichen Lage nach verkettet sind.

Bemerkenswert ist, daß während — abgesehen vom vorigen Beispiele — bei den bisher behandelten Beispielen im allgemeinen nur zum Schluß einer Horizontalreihe des Schaltungsschemas $y_2 \neq y_1$[1]), im übrigen

[1]) Lies: y_2 nicht gleich y_1.

aber $y_2 = y_1$ war, dies eben jetzt nicht der Fall ist. Beispielsweise wird also die erste Reihe unseres Schaltungsschemas — im Einklang mit dem Hilfsschema, abgesehen von den Indizes — wie folgt gebildet:

$$1 + \mathbf{13} = 14, \quad 14 + \mathbf{11} = 25,$$
$$25 + \mathbf{13} = 38, \quad 38 + \mathbf{11} = 49 \text{ usw.}$$

Hilfsschema.

vorn	*vorn*
14_o—25_u	60_o—71_u
15_o—26_u	61_o—72_u
16_o—27_u	$\mathbf{1}_u$ Anfang
17_o—28_u	62_o—2_u
$\mathbf{29}_u$ Ende	63_o—3_u
18_o—30_u	64_o—4_u
19_o—31_u	$\mathbf{65}_o$ Verbindungsstab
20_o—32_u	66_o—5_u
$\mathbf{21}_o$ Verbindungsstab	67_o—6_u
$\mathbf{33}_u$ Anfang	. .
22_o—34_u	. .
23_o—35_u	. .
24_o—36_u	72_o—11_u
$\mathbf{25}_o$ Verbindungsstab	1_o—12_u
26_o—37_u	$\mathbf{13}_u$ Ende
27_o—38_u	2_o—14_u
28_o—39_u	3_o—15_u
. .	4_o—16_u
. .	$\mathbf{17}_u$ Anfang
. .	$\mathbf{5}_o$ Verbindungsstab
33_o—44_u	6_o—18_u
$\mathbf{45}_u$ Ende	7_o—19_u
34_o—46_u	8_o—20_u
35_o—47_u	$\mathbf{9}_o$ Verbindungsstab
36_o—48_u	10_o—21_u
$\mathbf{37}_o$ Verbindungsstab	11_o—22_u
38_o—49_u	12_o—23_u
39_o—50_u	13_o—24_u
40_o—51_u	14_o—25_u!
. .	
. .	
. .	

Schaltungsschema der Phase I.

$1_u \stackrel{h}{-} 14_o \stackrel{v}{-} 25_u \stackrel{h}{-} 38_o \stackrel{v}{-} 49_u \stackrel{h}{-} 62_o \stackrel{v}{-} 2_u$

$2_u - 15_o - 26_u - 39_o - 50_u - 63_o - 3_u$

$3_u - 16_o - 27_u - 40_o - 51_u - 64_o - 4_u$

$4_u - 17_o - 28_u - 41_o - 52_u - \underline{\mathbf{65_o - 5_o}}$ Verbindung

$5_o \stackrel{h}{-} 64_u \stackrel{v}{-} 53_o \stackrel{h}{-} 40_u \stackrel{v}{-} 29_o \stackrel{h}{-} 16_u \stackrel{v}{-} 4_o$

$4_o - 63_u - 52_o - 39_u - 28_o - 15_u - 3_o$

$3_o - 62_u - 51_o - 38_u - 27_o - 14_u - 2_o$

$2_o - 61_u - 50_o - 37_u - 26_o - \mathbf{13_u}$ Ende.

III. Bruchlochwicklungen.

Bei allen bisher aufgestellten Formeln und behandelten Beispielen war die Anzahl der Nuten pro Pol und Phase stets eine ganze Zahl. Wir bezeichneten diese Größe, die, wie wir gesehen haben, bei allen Formeln und Schaltungsschemen eine wichtige Rolle spielt, mit k. Die 2- und 3-Phasenwicklungen lassen sich nun im allgemeinen auch dann ausführen, wenn k eine gebrochene Zahl ist, d. h.

$$k = \frac{U}{2pm} = \text{gebrochen.}$$

Man bezeichnet solche Wicklungen als Bruchloch- oder Teillochwicklungen. R. Richter erwähnt in seinem Lehrbuch[1]) die Vorteile dieser Wicklungen und stellt auch die Symmetriebedingungen sowie die Bedingungen für die Ausführbarkeit derselben auf.

Eine ausführliche Behandlung dieses Gegenstandes würde über den Rahmen dieses Bändchens hinausgehen, da diese Wicklungen in der Praxis doch verhältnismäßig selten vorkommen. Wir begnügen uns mit der analytischen Untersuchung einiger Beispiele ausgeführter Stabrotore.

Beispiel. Bei einem vierpoligen Drehstromrotor wurden folgende Wicklungsdaten festgestellt: $U = 54$ Nuten;

Anfänge:	1_o	19_o	37_o
Enden:	41_o	5_o	23_o
Verbindungen:	37_u—24_u	1_u—42_u	19_u—6_u
Schritt:		$1_o \overset{h}{} 14_u \overset{v}{—} 28_o$.	

Es ist

$$k = \frac{U}{2pm} = \frac{54}{4 \cdot 3} = 4^1/_2.$$

Die Teilschritte y_1 und y_2 müssen offenbar ganze Zahlen sein. Der Ausdruck $y_1 = y_2 = mk = 13\frac{1}{2}$ ist aber eine gebrochene Zahl;

[1]) Vgl. Prof. Rudolf Richter, Ankerwicklungen für Gleich- und Wechselstrommaschinen, S. 211 u. ff., Verlag Julius Springer.

nach den oben gemachten Angaben ist $y_1 = 13$, also $mk - \frac{1}{2}$ und $y_2 = 14$, also $mk + \frac{1}{2}$.

Wir stellen nunmehr das Hilfsschema in gleicher Weise wie bei ganzzahligen k auf. Aus dem Hilfsschema ergibt sich das weiter unten aufgestellte Schaltungsschema der Phase I. Man sieht aus letzterem, daß es eine rückschreitende Wellenwicklung ist.

Der Schritt y_2 schwankt zwischen $mk - \frac{1}{2}$ und $mk + \frac{1}{2}$, d. h. zwischen 13 und 14. Beim Ableuchten des bis auf den Nullpunkt fertiggeschalteten Rotors findet man, daß — nach rückwärts gezählt — 5 Stäbe hintereinander leuchten, hierauf 9 Stäbe nicht, dann leuchten 4 Stäbe und wiederum 9 nicht usw. In unserem Falle und auch in den folgenden Beispielen dieses Abschnittes ist k eine Zahl von der Form $\frac{a}{2}$, wobei a eine ungerade Zahl größer als 1 bedeutet. Diese Form für k vorausgesetzt, leuchten hintereinander abwechselnd $k \pm \frac{1}{2}$ Stäbe, während dazwischen $2\,k$ Stäbe nicht leuchten.

Hilfsschema.

vorn	*vorn*
14_u—28_o	35_u—49_o
15_u—29_o	36_u—50_o
16_u—30_o	**37_u** Verbindungsstab
17_u—31_o	38_u—51_o
18_u—32_o	39_u—52_o
19_u Verbindungsstab	40_u—53_o
20_u—33_o	41_u—54_o
21_u—34_o	**42_u** Verbindungsstab
22_u—35_o	**1_o** Anfang
23_u—36_o	43_u—2_o
24_u Verbindungsstab	44_u—3_o
37_o Anfang	45_u—4_o
25_u—38_o	**5_o** Ende
26_u—39_o	46_u—6_o
27_u—40_o	. .
41_o Ende	. .
28_u—42_o	. .
29_u—43_o	54_u—14_o
30_u—44_o	**1_u** Verbindungsstab
. .	2_u—15_o
. .	3_u—16_o
. .	4_u—17_o
	5_u—18_o

Hilfsschema (Fortsetzung).

vorn	vorn
$\mathbf{19_o}$ Anfang	$10_u - 24_o$
$\mathbf{6_u}$ Verbindungsstab	$11_u - 25_o$
$7_u - 20_o$	$12_u - 26_o$
$8_u - 21_o$	$13_u - 27_o$
$9_u - 22_o$	$14_u - 28_o$!
$\mathbf{23_o}$ Ende	

Schaltungsschema der Phase I.

$1_o \stackrel{h}{-} 14_u \stackrel{v}{-} 28_o \stackrel{h}{-} 41_u \stackrel{v}{-} 54_o$	$24_u \stackrel{h}{-} 11_o \stackrel{v}{-} 51_u \; ^h \quad ^v$
$54_o - 13_u - 27_o - 40_u - 53_o$	$51_u - 38_o - 25_u - 12_o - 52_u$
$53_o - 12_u - 26_o - 39_u - 52_o$	$52_u - 39_o - 26_u - 13_o - 53_u$
$52_o - 11_u - 25_o - 38_u - 51_o$	$53_u - 40_o - 27_u - 14_o - 54_u$
$51_o - 10_u - 24_o - \underline{\mathbf{37_u} - \mathbf{24_u}}$ Verbindung	$54_u - \mathbf{41_o}$ Ende.

Die Phasen I, II und III sind kongruent; denn:

$$37 - 19 = 19 - 1 = 41 - 23 = 23 - 5 = 18;$$

ebenso:

$$19 - 1 = 1 - 37 \; (= \mathbf{55} - 37) = 6 - 42 \; (= \mathbf{60} - 42) = 42 - 24 = 18 = 4k.$$

Es erübrigt sich demnach, das Schaltungsschema der Phasen II und III aufzustellen.

Beispiel. Bei einem Drehstromrotor, Fabrikat Österreichische Siemens-Schuckertwerke, 33 PS, synchrone Umdrehungszahl $n =$ 1000 Umdr./Min. wurden folgende Wicklungsdaten festgestellt:
$U = 135$ Nuten;

Anfänge:	1_o	31_o	61_o
Enden:	8_o	38_o	113_o
Verbindungen:	$2_u - 115_u$	$10_u - 32_u$	$85_u - 107_u$
Schritt:		$1_o \stackrel{h}{-} 24_u \stackrel{v}{-} 46_o$.	

Aus der Umdrehungszahl folgt für $f = 50$, $2p = \frac{120 f}{n} = 6$ (vgl. S. 2); ferner ist

$$k = \frac{U}{2pm} = \frac{135}{6 \cdot 3} = 7^1/_2,$$

also eine gebrochene Zahl. $y_1 = mk + 1/2 = 23$; $y_2 = mk - 1/2 = 22$.

Ähnlich wie im vorigen Beispiele stellen wir zunächst das Hilfsschema und dann das Schaltungsschema der Phase I auf. Es ist wiederum eine rückschreitende Wellenwicklung. Man findet, daß $k \pm 1/2$

Stäbe, die hintereinander leuchten, mit $2k$ Stäben, die nicht leuchten, abwechseln. Auch im vorliegenden Beispiele sind Nuten vorhanden, in denen der obere und untere Stab verschiedenen Phasen gehören.

Hilfsschema.

vorn	*vorn*
24_u—46_o	103_u—125_o
25_u—47_o	104_u—126_o
. .	105_u—127_o
. .	106_u—128_o
. .	$\mathbf{107}_u$ Verbindungsstab
30_u—52_o	108_u—129_o
31_u—53_o	. .
$\mathbf{32}_u$ Verbindungsstab	. .
33_u—54_o	. .
34_u—55_o	113_u—134_o
. .	114_u—135_o
. .	$\mathbf{1}_o$ Anfang
. .	$\mathbf{115}_u$ Verbindungsstab
39_u—60_o	116_u—2_o
$\mathbf{61}_o$ Anfang	. .
40_u—62_o	. .
41_u—63_o	, .
42_u—64_o	121_u—7_o
43_u—65_o	$\mathbf{8}_o$ Ende
. .	122_u—9_o
. .	123_u—10_o
. .	. .
83_u—105_o	. .
84_u—106_o	. .
$\mathbf{85}_u$ Verbindungsstab	133_u—20_o
86_u—107_o	134_u—21_o
. .	135_u—22_o
. .	1_u—23_o
. .	$\mathbf{2}_u$ Verbindungsstab
91_u—112_o	3_u—24_o
$\mathbf{113}_o$ Ende	. .
92_u—114_o	. .
. .	. .
. .	8_u—29_o
. .	9_u—30_o
102_u—124_o	$\mathbf{10}_u$ Verbindungsstab

Hilfsschema (Fortsetzung).

vorn	*vorn*
$\mathbf{31_o}$ Anfang	$17_u — 39_o$
$11_u — 32_o$	$18_u — 40_o$
. .	$19_u — 41_o$
. .	. .
. .	. .
$16_u — 37_o$	. .
$\mathbf{38_o}$ Ende	$24_u — 46_o$!

Schaltungsschema der Phase I.

$1_o \overset{h}{—} 24_u \overset{v}{—} 46_o \overset{h}{—} 69_u \overset{v}{—} 91_o \overset{h}{—} 114_u \overset{v}{—} 135_o$

$135_o — 23_u — 45_o — 68_u — 90_o — 113_u — 134_o$

$134_o — \ldots\ldots\ldots\ldots — 133_o$

$133_o — \ldots\ldots\ldots\ldots — 132_o$

$132_o — \ldots\ldots\ldots\ldots — 131_o$

$131_o — \ldots\ldots\ldots\ldots — 130_o$

$130_o — 18_u — 40_o — 63_u — 85_o — 108_u — 129_o$

$129_o — 17_u — 39_o — 62_u — 84_o — \underline{\mathbf{107_u} — \mathbf{85_u}}$ Verbindung

$\overset{h}{} \quad \overset{v}{} 85_u \overset{h}{—} 62_o \overset{v}{—} 40_u \overset{h}{—} 17_o \overset{v}{—} 130_u$

$130_u — 107_o — 86_u — 63_o — 41_u — 18_o — 131_u$

$131_u — \ldots\ldots\ldots\ldots — 132_u$

$132_u — \ldots\ldots\ldots\ldots — 133_u$

$133_u — \ldots\ldots\ldots\ldots — 134_u$

$134_u — \ldots\ldots\ldots\ldots — 135_u$

$135_u — 112_o — 91_u — 68_o — 46_u — 23_o — 1_u$

$1_u — \mathbf{113_o}$ Ende.

Infolge der Kongruenz sämtlicher Phasen, wovon man sich aus den oben angeführten Wicklungsdaten leicht überzeugen kann, ist die Aufstellung des Schaltungsschemas der Phasen II und III nicht erforderlich.

Beispiel. Ein Drehstromrotor mit $U = 108$ Nuten und sechspoliger Wicklung soll umgewickelt werden als achtpoliger Rotor, d. h. für $n = 750$ Umdr./Min., bei einer Frequenz $f = 50$.

Es ist

$$k = \frac{U}{2pm} = \frac{108}{8 \cdot 3} = 4^1/_2.$$

Die Aufgabe kann auf verschiedene Arten gelöst werden. Der Einfachheit halber bilden wir die Schaltung dem Schaltungsschema im vorletzten Beispiele nach. Dort war ebenfalls $k = 4\frac{1}{2}$, so daß wir die gleichen Teilschritte annehmen dürfen:

$$y_1 = mk - \frac{1}{2} = 13 \quad \text{und} \quad y_2 = mk + \frac{1}{2} = 14.$$

Die Wicklung sei ebenfalls eine rückschreitende Wellenwicklung. Den Stab 1_o nehmen wir, wie gewöhnlich, als Anfang der Phase I. Es ist demnach:

$$\text{Schritt:} \quad 1_o \overset{h}{-} 14_u \overset{v}{-} 28_o.$$

Wir stellen zunächst einen Teil des Schaltungsschemas der Phase I mit Vorbehalt späterer Nachprüfung auf.

$$1_o \overset{h}{-} 14_u \overset{v}{-} 28_o \overset{h}{-} 41_u \overset{v}{-} 55_o \overset{h}{-} 68_u \overset{v}{-} 82_o \overset{h}{-} 95_u \overset{v}{-} 108_o$$
$$108_o - 13_u - 27_o - 40_u - 54_o - 67_u - 81_o - 94_u - 107_o$$
$$107_o - 12_u - 26_o - 39_u - 53_o - 66_u - 80_o - 93_u - 106_o$$
$$106_o - 11_u - 25_o - 38_u - 52_o - 65_u - 79_o - 92_u - 105_o$$
$$105_o - 10_u - 24_o - 37_u - 51_o - 64_u - 78_o - \underline{\mathbf{91_u} - \mathbf{78_u}} \text{ Verbindung.}$$

Den Verbindungsschritt wählen wir genau wie im vorletzten Beispiele: $y_v = -y_1 = -13$, woraus sich ergibt, daß die Verbindung der Phase I aus den Verbindungsstäben 91_u und 78_u besteht. Im vorletzten Beispiele war das Ende der Phase I der Stab 41_o oder, da der Rotor 54 Nuten hatte, $E_1 = U - y_1 = (54 - 13)_o = 41_o$. Übertragen wir dies, ebenfalls mit Vorbehalt der späteren Nachprüfung, auf unser Beispiel, so ist:

$$E_I = U - y_1 = (108 - 13) = \mathbf{95_o}$$

Der Abstand der Phasenanfänge sei, in Übereinstimmung mit dem vorletzten und auch mit früheren Beispielen, angenommen zu $4k = 18$; alsdann erhalten wir bei symmetrischer Anordnung der einzelnen Phasen zusammenfassend folgende Wicklungsdaten:

Anfänge: $1_o \quad 19_o \quad 37_o$

Hilfsschema.

vorn	*vorn*
$14_u - 28_o$	**37_o** Anfang
$15_u - 29_o$	$24_u - 38_o$
$16_u - 30_o$	$25_u - 39_o$
$17_u - 31_o$	$26_u - 40_o$
$18_u - 32_o$	. .
19_u Verbindungsstab	. .
$20_u - 33_o$	. .
$21_u - 34_o$	$76_u - 90_o$
$22_u - 35_o$	$77_u - 91_o$
$23_u - 36_o$	**78_u** Verbindungsstab

Hilfsschema (Fortsetzung).

vorn

79_u—92_o
80_u—93_o
81_u—94_o
95_o Ende
82_u—96_o
. .
. .
87_u—101_o
88_u—102_o
89_u—103_o
90_u—104_o
91_u Verbindungsstab
92_u—105_o
93_u—106_o
94_u—107_o
95_u—108_o
1_o Anfang
96_u Verbindungsstab
97_u—2_o
98_u—3_o
99_u—4_o
5_o Ende
100_u—6_o

vorn

101_u—7_o
. .
. .
. .
106_u—12_o
107_u—13_o
108_u—14_o
1_u Verbindungsstab
2_u—15_o
3_u—16_o
4_u—17_o
5_u—18_o
19_o Anfang
6_u Verbindungsstab
7_u—20_o
8_u—21_o
9_u—22_o
23_o Ende
10_u—24_o
11_u—25_o
12_u—26_o
13_u—27_o
14_u—28_o!

Enden:	95_o	5_o	23_o
Verbindungen:	91_u—78_u	1_u—96_u	19_u—6_u
Schritt:	$1_o \overset{h}{—} 14_u \overset{v}{—} 28_o$.		

An Hand dieser Wicklungsdaten entwerfen wir in bekannter Weise das obenstehende Hilfsschema. Hierauf kann die zweite Hälfte des Schaltungsschemas der Phase I aufgestellt und gleichzeitig die bereits aufgestellte erste Hälfte auf ihre Richtigkeit nachgeprüft werden.

^{h} ^{v} $78_u \overset{h}{—} 65_o \overset{v}{—} 51_u \overset{h}{—} 38_o \overset{v}{—} 24_u \overset{h}{—} 11_o \overset{v}{—} 105_u$
105_u—92_o—79_u—66_o—52_u—39_o—25_u—12_o—106_u
106_u—93_o—80_u—67_o—53_u—40_o—26_u—13_o—107_u
107_u—94_o—81_u—68_o—54_u—41_o—27_u—14_o—108_u
108_u—**95_o** Ende.

Die Aufstellung des Schaltungsschemas der übrigen Phasen kann aus dem gleichen Grunde unterbleiben wie in den letzten Beispielen.

IV. Zweiphasenwicklungen.

Es ist bekannt, daß der Rotor eines Drehstrommotors auch mit einer zweiphasigen anstatt mit einer dreiphasigen Wicklung ausgerüstet werden kann. Man wird hiervon namentlich in solchen Fällen Gebrauch machen, in denen die Nutenzahl für die in Frage kommende Polzahl nicht geeignet ist. Ein Anker mit 48 Nuten eignet sich z. B. für eine vierpolige Dreiphasenwicklung, wobei $k = \frac{48}{4 \cdot 3} = 4$; derselbe Anker eignet sich aber nicht für eine sechspolige Dreiphasenwicklung; denn wir hätten in diesem Falle

$$k = \frac{48}{6 \cdot 3} = 2\frac{2}{3}.$$

Bei einer Zweiphasenwicklung hingegen wäre

$$k = \frac{U}{2pm} = \frac{48}{6 \cdot 2} = 4,$$

also ganzzahlig.

Unsere bisherigen Betrachtungen über normale und anormale Wicklungen, Hilfsschemen usw. lassen sich sinngemäß auf Zweiphasenwicklungen übertragen, wenn wir $m = 2$ anstatt $m = 3$ setzen.

Wir erhalten naturgemäß 2 Verbindungen, 2 Anfänge und 2 Enden. Für die Teilschritte gilt $y_1 = y_2 = mk = 2k$.

Stabrotore mit Zweiphasenwicklungen kommen verhältnismäßig selten vor; der Vollständigkeit halber sollen jedoch zwei Beispiele angeführt werden.

Beispiel. Für einen sechspoligen Rotor mit 60 Nuten ist ein Schaltungsschema für eine Zweiphasenwicklung zu entwerfen.

$$U = 60; \quad 2p = 6; \quad m = 2.$$

Hieraus folgt:

$$k = \frac{U}{2pm} = 5.$$

Es ist $y_1 = y_2 = mk = 10$. Wählen wir eine fortschreitende Wellenwicklung, so ergibt sich das Schaltungsschema der Phase I — mit Vorbehalt der späteren Nachprüfung auf dessen Richtigkeit — wie folgt:

$$
\begin{array}{l}
1_o \overset{h}{-} 11_u \overset{v}{-} 21_o \overset{h}{-} 31_u \overset{v}{-} 41_o \overset{h}{-} 51_u \overset{v}{-} 2_o \\
2_o - 12_u - 22_o - 32_u - 42_o - 52_u - 3_o \\
3_o - 13_u - 23_o - 33_u - 43_o - 53_u - 4_o \\
4_o - 14_u - 24_o - 34_u - 44_o - 54_u - 5_o \\
5_o - 15_u - 25_o - 35_u - 45_o - \underline{\mathbf{55_u} - \mathbf{5_u}} \text{ Verbindung}
\end{array}
$$

$$
\begin{array}{l}
5_u \overset{h}{-} 55_o \overset{v}{-} 45_u \overset{h}{-} 35_o \overset{v}{-} 25_u \overset{h}{-} 15_o \overset{v}{-} 4_u \\
4_u - 54_o - 44_u - 34_o - 24_u - 14_o - 3_u \\
3_u - 53_o - 43_u - 33_o - 23_u - 13_o - 2_u \\
2_u - 52_o - 42_u - 32_o - 22_u - 12_o - 1_u \\
1_u - 51_o - 41_u - 31_o - 21_u - \mathbf{11_o} \text{ Ende.}
\end{array}
$$

Der kürzeste Abstand zwischen den Anfängen der Zweiphasenwicklung ist gleich $\boldsymbol{k}$; wählen wir dementsprechend als Anfang der Phase II den Stab $(1+k)_o = \mathbf{6}_o$, so können wir das Schaltungsschema der Phase II analog demjenigen der Phase I aufstellen.

$$
\begin{array}{l}
6_o \overset{h}{-} 16_u \overset{v}{-} 26_o \overset{h}{-} 36_u \overset{v}{-} 46_o \overset{h}{-} 56_u \overset{v}{-} 7_o \\
7_o - 17_u \ldots\ldots\ldots\ldots\ldots 57_u - 8_o \\
8_o - 18_u \ldots\ldots\ldots\ldots\ldots 58_u - 9_o \\
9_o - 19_u \ldots\ldots\ldots\ldots\ldots 59_u - 10_o \\
10_o - 20_u - 30_o - 40_u - 50_o - \underline{\mathbf{60_u} - \mathbf{10_u}} \text{ Verbindung}
\end{array}
$$

$$
\begin{array}{l}
10_u - 60_o - 50_u - 40_o - 30_u - 20_o - 9_u \\
9_u - 59_o - \ldots\ldots\ldots\ldots\ldots 19_o - 8_u \\
8_u - 58_o \ldots\ldots\ldots\ldots\ldots 18_o - 7_u \\
7_u - 57_o \ldots\ldots\ldots\ldots\ldots 17_o - 6_u \\
6_u - 56_o - 46_u - 36_o - 26_u - \mathbf{16_o} - \text{Ende.}
\end{array}
$$

Zusammengefaßt erhalten wir nunmehr folgende Wicklungsdaten:

Phase:	I	II
Anfänge:	1_o	6_o
Enden:	11_o	16_o
Verbindungen:	$\mathbf{55_u} - \mathbf{5_u}$	$\mathbf{60_u} - \mathbf{10_u}$
Schritt:	$1_o \overset{h}{-} 11_u \overset{v}{-} 21_o$.	

Wie aus dem Schaltungsschema zu ersehen ist, schwankt der 2. Teilschritt zwischen mk und $mk+1$, d. h. zwischen 10 und 11. An der Hand der Wicklungsdaten bietet es keinerlei Schwierigkeiten, das unten folgende Hilfsschema aufzustellen und sich zu überzeugen, daß die oben zunächst nur formal aufgestellten Schaltungsschemata auf keinen Widerspruch stoßen und infolgedessen die Wicklung ausführbar ist.

Hilfsschema.

vorn	*vorn*
11_u—21_o	$\mathbf{55}_u$ Verbindungsstab
12_u—22_o	56_u—7_o
13_u—23_o	57_u—8_o
. .	58_u—9_o
. .	59_u—10_o
. .	$\mathbf{11}_o$ Ende
43_u—53_o	$\mathbf{60}_u$ Verbindungsstab
44_u—54_o	1_u—12_o
. .	2_u—13_o
. .	3_u—14_o
. .	4_u—15_o
49_u—59_o	$\mathbf{5}_u$ Verbindungsstab
50_u—60_o	$\mathbf{16}_o$ Ende
$\mathbf{1}_o$ Anfang	6_u—17_o
51_u—2_o	7_u—18_o
52_u—3_o	8_u—19_o
53_u—4_o	9_u—20_o
54_u—5_o	$\mathbf{10}_u$ Verbindungsstab
$\mathbf{6}_o$ Anfang	11_u—21_o!

Beispiel. Bei einem Zweiphasen Stabrotor, 25 PS, Fabrikat Schuckert & Co., wurden folgende Wicklungsdaten festgestellt: $n =$ 750 Umdr./Min., mithin bei $f = 50$; $2p = \frac{120 f}{n} = 8$; $U = 88$ Nuten;

Anfänge:	$\mathbf{1}_o$	$\mathbf{57}_u$
Enden:	$\mathbf{78}_o$	$\mathbf{68}_u$
Verbindungen:	$\mathbf{74}_u$—$\mathbf{62}_u$	$\mathbf{72}_o$—$\mathbf{84}_o$
Schritt:	$1_o \overset{h}{-} 12_u \overset{v}{-} 23_o$.	

Es ist das Schaltungsschema zu rekonstruieren. Aus den Wicklungsdaten folgt:

$$k = \frac{U}{2pm} = \frac{88}{8 \cdot 2} = 5^1/_2;$$

die Teilschritte sind: $y_1 = y_2 = mk = 11$;
der Verbindungsschritt ist: $y_v = mk + 1 = 12$.

Bei der Schaltung im vorliegenden Beispiele sei noch hervorgehoben, daß bei der Phase I wie gewöhnlich Anfang und Ende Stäbe der Oberlage sind, während die Umkehrstäbe der Unterlage gehören; bei der Phase II hingegen sind Anfang und Ende der Phase II Stäbe der Unterlage, während die Umkehrstäbe der Oberlage gehören. Auf Grund der Wicklungsdaten entwerfen wir in bekannter Weise das weiter unten folgende Hilfsschema, welches uns gestattet, das Schaltungsschema beider Phasen aufzustellen.

Schaltungsschema der Phase I.

$1_o \overset{h}{—} 12_u \overset{v}{—} 23_o \overset{h}{—} 34_u \overset{v}{—} 45_o \overset{h}{—} 56_u \overset{v}{—} 67_o \overset{h}{—} 78_u \overset{v}{—} 88_o$
$88_o — 11_u — 22_o — 33_u — 44_o — 55_u — 66_o — 77_u — 87_o$
$87_o — 10_u — 21_o — 32_u — 43_o — 54_u — 65_o — 76_u — 86_o$
$86_o — 9_u — 20_o — 31_u — 42_o — 53_u — 64_o — 75_u — 85_o$
$85_o — 8_u — 19_o — 30_u — 41_o — 52_u — 63_o — \underline{\mathbf{74}_u — \mathbf{62}_u}$ Verbindung

$h \quad v \quad 62_u \overset{h}{—} 51_o \overset{v}{—} 40_u \overset{h}{—} 29_o \overset{v}{—} 18_u \overset{h}{—} 7_o \overset{v}{—} 84_u$
$84_u — 73_o — 63_u — 52_o — 41_u — 30_o — 19_u — 8_o — 85_u$
$85_u — 74_o — 64_u — 53_o — 42_u — 31_o — 20_u — 9_o — 86_u$
$86_u — 75_o — 65_u — 54_o — 43_u — 32_o — 21_u — 10_o — 87_u$
$87_u — 76_o — 66_u — 55_o — 44_u — 33_o — 22_u — 11_o — 88_u$
$88_u — 77_o — 67_u — 56_o — 45_u — 34_o — 23_u — 12_o — 1_u$
$1_u — \mathbf{78}_o$ Ende.

Wie man sieht, ist es eine rückschreitende Wellenwicklung. Der Teilschritt y_2 schwankt zwischen mk und $mk - 1$. Beim Ableuchten der einzelnen Phasen findet man, daß abwechselnd $k - \frac{1}{2} = 5$ Stäbe hintereinander leuchten und $k + \frac{1}{2} = 6$ Stäbe nicht leuchten und hierauf umgekehrt: $k + \frac{1}{2} = 6$ Stäbe leuchten und $k - \frac{1}{2} = 5$ Stäbe nicht leuchten.

Hilfsschema.

vorn	*vorn*
$12_u — 23_o$	$\mathbf{57}_u$ Anfang
$13_u — 24_o$	$58_u — 68_o$
. .	$59_u — 69_o$
. .	$60_u — 70_o$
. .	$61_u — 71_o$
$43_u — 54_o$	$\mathbf{62}_u$ Verbindungsstab
. .	$\mathbf{72}_o$ Verbindungsstab
. .	
. .	$63_u — 73_o$
$53_u — 64_o$	$64_u — 74_o$
$54_u — 65_o$	$65_u — 75_o$
$55_u — 66_o$	$66_u — 76_o$
$56_u — 67_o$	$67_u — 77_o$

Hilfsschema (Fortsetzung).

vorn	*vorn*
$\mathbf{68}_u$ Ende	80_u—3_o
$\mathbf{78}_o$ Ende	81_u—4_o
69_u—79_o	82_u—5_o
70_u—80_o	83_u—6_o
71_u—81_o	84_u—7_o
72_u—82_o	85_u—8_o
73_u—83_o	86_u—9_o
$\mathbf{74}_u$ Verbindungsstab	87_u—10_o
$\mathbf{84}_o$ Ver-	88_u—11_o
bindungsstab	1_u—12_o
75_u—85_o	. .
76_u—86_o	. .
77_u—87_o	. .
78_u—88_o	. .
$\mathbf{1}_o$ Anfang	11_u—22_o
79_u 2_o	12_u—23_o

Schaltungsschema der Phase II.

$57_u \overset{h}{—} 46_o \overset{v}{—} 35_u \overset{h}{—} 24_o \overset{v}{—} 13_u \overset{h}{—} 2_o \overset{v}{—} 79_u \overset{h}{—} 68_o \overset{v}{—} 58_u$

58_u—47_o— . . . . —69_o—59_u

59_u—48_o— . . . . —70_o—60_u

60_u—49_o— . . . . —71_o—61_u

61_u—50_o—39_u—28_o—17_u—6_o—83_u—**72_o—84_o** Verbindung

$h \quad v \; 84_o \overset{h}{—} 7_u \overset{v}{—} 18_o \overset{h}{—} 29_u \overset{v}{—} 40_o \overset{h}{—} 51_u \overset{v}{—} 62_o$

62_o—73_u— . . . . —50_u—61_o

61_o—72_u— . . . . —49_u—60_o

60_o—71_u— . . . . —48_u—59_o

59_o—70_u— . . . . —47_u—58_o

58_o—69_u—79_o 2_u—13_o—24_u—35_o—46_u—57_o

57_o—$\mathbf{68}_u$ Ende.

Tabelle 7.

Anormale Wicklungen; Bruchlochwicklungen; Zweiphasenwicklungen mit ganzzahligem und gebrochenem *k*.

Polzahl	Synchr. Umdrehungszahl bei 50 Per.	Nutenzahl	Nuten pro Pol und Phase	Schaltschritt hinten	Schaltschritt vorn	Verbindungen	Anfänge oder Zuleitungen	Enden oder Nullpunkt	Bemerkungen
$2p$	n	U	k	y_1	y_2				
6	1000	90	5	**15** 1_o—16_u 2_o—17_u 3_o—18_u usw.	**15 bis 17!** 16_u—31_o	81_u—7_u 11_u—27_u 31_u—77_u	1_o 21_o 41_o	17_o 37_o 87_o	AEG
8	750	96	4	**12** 1_o—13_u 2_o—14_u 3_o—15_u usw.	**12 bis 14!** 13_u—25_o	89_u—6_u 9_u—22_u 25_u—86_u	1_o 17_o 33_o	14_o 30_o 94_o	AEG
6	1000	90	5	**15** 1_o—16_u 2_o—17_u 3_o—18_u usw.	**15 bis 14** 16_u—31_o	72_u—87_u 82_u—67_u 2_u—77_u	1_o 11_o 21_o	16_o 86_o 6_o	
4	1500	60	5	**16!** 1_o—17_u 2_o—18_u 3_o—19_u usw.	**14 bis 15** 17_u—31_o	51_u—6_u 11_u—26_u 31_u—46_u	1_o 21_o 41_o	16_o 36_o 56_o	Bergmann E.-W. A.-G.
6	1000	72	4	**13!** 1_u—14_o 2_u—15_o 3_u—16_o usw.	**11 bis 12** 14_o—25_u	**65_o—5_o** **9_o—21_o** **25_o—37_o**	**1_u** **17_u** **33_u**	**13_u** **29_u** **45_u**	Bergmann E.-W. A.-G.

Tabelle 7.
(Fortsetzung.)

Polzahl	Synchr. Umdrehungszahl bei 50 Per.	Nutenzahl	Nuten pro Pol und Phase	Schaltschritt hinten	Schaltschritt vorn	Verbindungen	Anfänge oder Zuleitungen	Enden oder Nullpunkt	Bemerkungen
$2p$	n	U	k	y_1	y_2				
4	1500	54	$4^1/_2$	13 1_o-14_u 2_o-15_u 3_o-16_u usw.	14 bis 13 14_u-28_o	37_u-24_u 1_u-42_u 19_u-6_u	1_o 19_o 37_o	41_o 5_o 23_o	Bruchlochwicklung
6	1000	135	$7^1/_2$	23 1_o-24_u 2_o-25_u 3_o-26_u usw.	22 bis 21 24_u-46_o	107_u-85_u 2_u-115_u 32_u-10_u	1_o 31_o 61_o	113_o 8_o 38_o	Bruchlochwicklung Österr. S.S.W.
8	750	108	$4^1/_2$	13 1_o-14_u 2_o-15_u 3_o-16_u usw.	14 bis 13 14_u-28_o	91_u-78_u 1_u-96_u 19_u-6_u	1_o 19_o 37_o	95_o 5_o 23_o	Bruchlochwicklung B.B.C.
6	1000	60	5	10 1_o-11_u 2_o-12_u 3_o-13_u usw.	10 bis 11 11_u-21_o	55_u-5_u 60_u-10_u	1_o 6_o	11_o 16_o	Zweiphasenwicklung
8	750	88	$5^1/_2$	11 1_o-12_u 2_o-13_u 3_o-14_u usw.	11 bis 10 12_u-23_o	74_u-62_u 72_o-84_o	1_o 57_u	78_o 68_u	Zweiphasen-Bruchlochwicklung Schuckert & Co.

ELEKTROTECHNIK

Meldetechnik — Radio

Der wahlweise Anruf in Telegraphen- und Telephonleitungen und die Entwicklung des Fernsprechwesens. Von **J. Baumann.** 104 S. 25 Abb. 8°. 1904.
Brosch. M. 2.50

Drahtlose Telegraphie und Telephonie. Von Prof. **D. Mazotto.** Deutsch v. **J. Baumann.** 392 S. 235 Abb. 8°. 1906. Brosch. M. 7.—

Grundriß der Funkentelegraphie. In gemeinverständlicher Darstellung. Von **Franz Fuchs.** 13. Aufl. 75 S. 160 Abb. gr. 8°. 1924. Brosch. M. 2.—

Die Schaltungsgrundlagen der Fernsprechanlagen mit Wählerbetrieb. (Automatische Telephonie.) Von Dr.-Ing. **Fritz Lubberger.** 2. Aufl. 208 S. 120 Abb. gr. 8°. 1924.
Brosch. M. 7.50, geb. M. 9.—

Elektrische Leitungen

Die Theorie moderner Hochspannungsanlagen. Von **A. Buch.** 2. Aufl. 380 S. gr. 8°. 152 Abb. 1922. Brosch. M. 13.—; geb. M. 14.50

Taschenbuch für Monteure elektrischer Starkstromanlagen. Herausgegeben von **S. Frhr. v. Gaisberg.** 78. Aufl. 346 S. 231 Abb. kl. 8°. 1921. Geb. M. 3.—

Freileitungsbau — Ortsnetzbau. Ein Leitfaden für Montage- und Projektierungs-Ingenieure, Betriebsleiter und Verwaltungsbeamte. Von **F. Kapper,** Oberingenieur. 4. Aufl. 395 S. 376 Abb., 2 Tafeln, 55 Tabellen. gr. 8°. 1923.
Brosch. M. 12.—, geb. M. 13.50

Lehrgang der Schaltungsschemata elektrischer Starkstromanlagen. Von Prof. Dr. **J. Teichmüller.**

I. Band: Schaltungsschemata für Gleichstromanlagen. 2. Aufl. 138 S. 27 lithogr. Tafeln, 9 Abb. 4°. 1921 Brosch. M. 11.—

II. Band: Schaltungsschemata für Wechselstromanlagen. Vergriffen. Neuauflage in Vorbereitung.

Elektrische Meßtechnik

Die Technik der elektrischen Meßgeräte. Von Dr.-Ing. **Georg Keinath.** 2. Aufl. 477 S. 400 Abb. gr. 8°. 1922. Brosch. M. 17.—; geb. M. 19.50

Elektrische Temperaturmeßgeräte. Von **G. Keinath.** 284 S. 219 Abb. gr. 8°. 1923.
Brosch. M. 10.80. geb. M. 12.30

Anleitung zu genauen technischen Temperaturmessungen mit Flüssigkeits- und elektrischen Thermometern. Von Prof. Dr. **O. Knoblauch** und Dr.-Ing. **K. Hencky.** 141 S. 65 Abb. 8°. 1919. Brosch. M. 3.—; geb. M. 4.20

Zeitschriften, Jahrbücher

Jahrbuch der Elektrotechnik. Herausgegeben von Dr. **Karl Strecker.** 11. Jahrgang (1922). 244 S. gr. 8°. Geb. M. 10.— Jahrgang 1—9 (soweit lieferbar). Je geb. M. 9.—, Jhrg. 10: geb. M. 10.—

Die Fortschritte jedes Fachgebiets der Elektrotechnik werden in einem zusammenhängenden Aufsatze dargestellt, in dem die Literaturangaben eingearbeitet sind. Jedem erfinderisch oder konstruktiv tätigen Ingenieur, auch jedem Verwaltungsbeamten, der mit elektrischen Anlagen zu tun hat, wird es viel zeitsparende Dienste leisten. Unentbehrlich erscheint es auch bei der Beurteilung von Patenten. Es sei besonders auch auf die älteren Bände hingewiesen, die ein wertvolles Nachschlagewerk bilden.

Zeitschrift für Fernmeldetechnik, Werk- und Gerätebau. (Zeitschrift des Verbandes Deutscher Schwachstrom-Industrieller.) Herausgeber und Schriftleiter: Prof. Dr. **Rud. Franke.** 5. Jahrg. 1924. Erscheint monatlich.
Preis für Deutschland viertelj. M. 1.20, fürs Ausland jährlich $ 1.60.

Probenummern stehen auf Wunsch kostenlos zur Verfügung.
Arbeitsgebiet: 1. Die Fernsprechtechnik. 2. Die Telegraphentechnik. 3. Das gesamte Radiowesen. 4. Die Signaltechnik. 5. Die mechanische Nachrichtenübermittlung mit allen Anwendungen für den öffentlichen und Privatverkehr, Eisenbahn-, Schiffsdienst, Bergwerksbetrieb, Feuerwehr usw. 6. Die Fernübertragungen von physikalischen Zuständen, z. B. Strom, Spannung, Widerstand, Weg, Zeit, Geschwindigkeit Temperatur usw. 7. Die Fernsteuerungen. 8. Der Werk- und Gerätebau.

VERLAG R. OLDENBOURG, MÜNCHEN UND BERLIN

www.ingramcontent.com/pod-product-compliance
Lightning Source LLC
Chambersburg PA
CBHW081245190326
41458CB00016B/5931
* 9 7 8 3 4 8 6 7 5 4 1 3 1 *